FUNDAMENTOS DE
ACÚSTICA AMBIENTAL

Dados Internacionais de Catalogação na Publicação (CIP)
(Câmara Brasileira do Livro, SP, Brasil)

Murgel, Eduardo
      Fundamentos de acústica ambiental / Eduardo
Murgel. – São Paulo : Editora Senac São Paulo, 2007.

      Bibliografia.
      ISBN 978-85-7359-610-6

      1. Educação ambiental – Ruído – Controle   2. Poluição
sonora I. Título.

07-6069   CDD-304.2

Índice para catálogo sistemático:

      1. Acústica ambiental : Educação ambiental   304.2

Eduardo Murgel

FUNDAMENTOS DE ACÚSTICA AMBIENTAL

ADMINISTRAÇÃO REGIONAL DO SENAC NO ESTADO DE SÃO PAULO

Presidente do Conselho Regional: Abram Szajman
Diretor do Departamento Regional: Luiz Francisco de Assis Salgado
Superintendente Universitário e de Desenvolvimento: Luiz Carlos Dourado

EDITORA SENAC SÃO PAULO

Conselho Editorial: Luiz Francisco de Assis Salgado
Luiz Carlos Dourado
Darcio Sayad Maia
Lucila Mara Sbrana Sciotti
Marcus Vinicius Barili Alves

Editor: Marcus Vinicius Barili Alves (vinicius@sp.senac.br)

Coordenação de Prospecção Editorial: Isabel M. M. Alexandre (ialexand@sp.senac.br)
Coordenação de Produção Editorial: Antonio Roberto Bertelli (abertell@sp.senac.br)
Supervisão de Produção Editorial: Izilda de Oliveira Pereira (ipereira@sp.senac.br)

Edição de Texto: Léia Fontes Guimarães
Preparação de Texto: Katia Miaciro
Revisão de Texto: Ivone P. B. Groenitz, Kimie Imai, Luiza Elena Luchini
Editoração Eletrônica: RW3 Design
Capa: RW3 Design, sobre foto de Steve Woods
Impressão e Acabamento: Cromosete Gráfica e Editora Ltda.

Gerência Comercial: Marcus Vinicius Barili Alves (vinicius@sp.senac.br)
Supervisão de Vendas: Rubens Gonçalves Folha (rfolha@sp.senac.br)
Coordenação Administrativa: Carlos Alberto Alves (calves@sp.senac.br)

Proibida a reprodução sem autorização expressa.
Todos os direitos desta edição reservados à
Editora Senac São Paulo
Rua Rui Barbosa, 377 – 1º andar – Bela Vista – CEP 01326-010
Caixa Postal 3595 – CEP 01060-970 – São Paulo – SP
Tel. (11) 2187-4450 – Fax (11) 2187-4486
E-mail: editora@sp.senac.br
Home page: http://www.editorasenacsp.com.br

© Eduardo Mascarenhas Murgel, 2007

SUMÁRIO

Nota do editor 7

Prefácio – *Ávila Coimbra* 9

Agradecimentos 15

Introdução 17

Conceitos de acústica 21
    Freqüência 21
    Pressão sonora 22
    Decibel 23
    Parâmetros de avaliação sonora 25
    Somatório de ruído 26
    Atenuação do ruído com a distância 27
    Propagação do som 28
    Medição do som 30

Efeitos do ruído 35
    Incomodidade do ruído 37
    Perda auditiva 38
    Efeitos neuropsíquicos 43
    Ação nos outros órgãos 46
    Quando um som se torna ruído 51
    Efeito do ruído nos ambientes naturais 54

Fundamentos de acústica ambiental

Legislação e normalização ... 59

Ruído dos veículos automotores ... 69
Fontes sonoras ... 69
Traçado da via ... 72
Pavimento ... 74
Influência da velocidade ... 81
Ruído de aeronaves ... 83
Ruído interno: segurança de tráfego ... 87

Fontes fixas de poluição sonora ... 95
Indústrias ... 95
Outras fontes ... 97

Técnicas de controle acústico ... 101
Planejamento urbano ... 101
Controle da fonte ... 104
Proteção do receptor ... 109
Limitação da transmissão sonora: barreiras acústicas ... 114

Referências bibliográficas ... 129

NOTA DO EDITOR

Com o crescimento das cidades, a poluição sonora tornou-se um dos mais sérios problemas urbanos, sendo hoje um dos principais desafios da gestão ambiental, uma vez que constitui uma questão de saúde pública. A exposição contínua a altos níveis de ruído pode causar sérios danos à saúde, desde a perda auditiva até efeitos neuropsíquicos.

Neste livro, Eduardo Murgel aborda os aspectos técnicos da acústica ambiental, por meio de conceitos e fenômenos da física associados à produção, transmissão e controle da poluição sonora, discute seus efeitos sobre a saúde humana, identifica e caracteriza as principais fontes de poluição sonora no meio urbano e apresenta alguns exemplos práticos de experiências bem-sucedidas de prevenção e controle, tendo como foco principal o ruído de tráfego de veículos, especialmente rodoviário, além de fontes fixas, como indústrias e estabelecimentos comerciais.

Um lançamento do Senac São Paulo que deve interessar a profissionais e estudantes das áreas de engenharia, arquitetura e urbanismo, gestão ambiental e ecologia e, por sua linguagem acessível, ao público de modo geral.

PREFÁCIO

Aonde nos levará a acústica ámbiental?

Este livro, que tem raízes na física e desemboca no fator humano, toma o fio condutor da acústica para guiar o leitor, através do universo complexo de sons e ruídos, ao sentido primordial da audição para a qualidade de vida no planeta Terra. Foca-se a vida humana com prioridade, mas, ainda, é levada em conta a vida de outros seres sencientes que partilham conosco a casa comum.

Das palavras gregas *akouo* (ouço) e *akoustós* (que se pode ouvir) vem a *acústica*, o fenômeno da audição influenciado pelos condicionamentos do ambiente em que som e ruído se produzem e propagam. Conceitos essenciais de ordem técnico-científica constituem o ponto de partida. Familiarizamo-nos então com os decibéis, com a freqüência e a pressão sonora, com os limites da audição e da dor, o suportável e o insuportável, sem esquecer as relações de sons e energia no meio natural.

Há um ponto em que o som torna-se ruído; nessa altura, entram em jogo os efeitos danosos à vida. Os sons da natureza são repousantes, não fadigam nem estressam, nem quebram propriamente o silêncio. Já o ruído é uma espécie de desvirtuamento do som. Fora de dúvida, a distinção entre um e outro, além das diferenciações científicas, comporta muito de subjetivo, como é o caso do tormento causado por uma sinfonia clássica a quem se habituou ao *heavy metal*, ou da "musiquinha do gás" que passa em frente à nossa casa. Ou ainda o mal-estar do "cachorro neurótico do vizinho" que perturba a paz da vizinhança.

Voltado para o objetivo maior da qualidade ambiental, o autor evoca a ação do homem que manipula sons e desencadeia ruídos e, no final dessa trajetória sonora, o próprio homem pode converter-se em vítima dos seus abusos; aí o feitiço se volta contra o feiticeiro. Vale lembrar que o homem, autor e vítima dos distúrbios acústicos, não é apenas aquele que vive estabelecido em determinado ambiente: é também aquele que passa por ruas e estradas, agitando as ondas sonoras com o seu cortejo de efeitos indesejáveis. Se pensarmos, por exemplo, no estrépito de autos e motos, nos sons ligados em volumes desmedidos, na parafernália de equipamentos de sons e nos trios elétricos a toda potência... que Deus nos acuda!

Por aí se vê que, além da concentração de barulhos de toda sorte nas cidades, onde a megamáquina humana coleciona fontes fixas, estacionárias e móveis da poluição sonora, também o que sobra do mundo natural, florestas e bosques, campos e lavouras são agredidos, em diferentes formas e graus, pelos ruídos. Sofrem os urbanos, sofrem os rurais; os seres humanos e também os animais e vegetais. Já a cidade é área nevrálgica dos distúrbios sonoros, realidade que ninguém ignora.

Quem emite sons e produz ruídos tem que arcar com a responsabilidade ambiental e social na sua propagação. As condições técnicas de propagação (entre elas, os tipos de ondas sonoras, o vento e o clima) antecedem e fundamentam essa responsabilidade. Ruas e rodovias, construção civil, postos de combustíveis e lavagem de veículos, fábricas e oficinas, casas noturnas e concentrações estrepitosas somam resultados maléficos, acrescidos à arrogância do automóvel e à indisciplina das motos. Sem dúvida, esse pandemônio é a causa concorrente de danos à audição, prejuízos à saúde e outras perturbações. Em tal contexto, não é minimamente aceitável que se transgrida os limites restritivos expressos em índices de tolerância e indicadores de saúde.

Fora das cidades, as seqüelas negativas dos ruídos fazem-se presentes: no raio de alcance das rodovias baixa a densidade populacional de animais, o gado leiteiro produz menos leite e as granjas contam menos ovos, etc., etc.

No caso da saúde humana, além dos efeitos diretamente auditivos, surgem os efeitos não auditivos como a constrição de vasos sanguíneos que reagem ao lançamento da adrenalina estimulados pela balbúrdia, como certos distúrbios gastrintestinais, hipertensão e subsídio para o infarto; o cérebro é incentivado a manter-se em estado de prontidão; as condições normais de gravidez são afetadas.

Eduardo Murgel é o nosso cicerone nesse percurso por caminhos da ciência e da técnica, que levam ao usufruto das vantagens de ouvir e ao controle dos excessos acústicos. Seu valioso livro não pretende ser mais que um trabalho introdutório a nos desvendar aspectos técnicos de uma acústica ambiental; mas, com isso, ele alarga a consciência do fenômeno e mobiliza os ânimos para valorizar os sons da natureza e da arte, repudiando os ruídos que agridem a qualidade dos ambientes natural e urbano. Integrante de uma estirpe de cientistas e técnicos preocupados com o sentido do progresso e da vida na Terra – esta Gaia tão sofrida –, ele nos ajuda a fazer da Terra um lar habitável.

ÁVILA COIMBRA
Professor universitário, pesquisador e
consultor em meio ambiente.

À memória de meu pai, Luiz Orlando, com quem passei inesquecíveis momentos de minha infância, no alto de uma montanha, apreciando os "sons do silêncio"; e de Samuel, que, com seus inestimáveis ensinamentos de ciência e de vida, foi o grande responsável pelo profissional que hoje sou.

AGRADECIMENTOS

Este livro só pôde ser escrito com a colaboração de inúmeras pessoas, que muito ajudaram na construção de minha carreira e no aperfeiçoamento de meu conhecimento técnico, e que foram indispensáveis para me tornar o profissional e – principalmente – a pessoa que sou hoje. Entre todos, citarei apenas alguns, fundamentais para o êxito deste livro.

Antes de tudo agradeço à Cláudia, minha mulher, que me acompanha, incentiva, escuta e aconselha, compartilhando todos os meus sonhos, há mais de vinte anos.

Iniciei minha carreira profissional e muito aprendi com o engenheiro Gabriel M. Branco, que, além de ser meu primo e primeiro chefe, considero até hoje um exemplo de profissional e, principalmente, um de meus melhores amigos.

Não poderia me esquecer também do engenheiro Daniel E. Schmidt, com quem trabalhei na Companhia de Tecnologia de Saneamento Ambiental (Cetesb) e que me apresentou aos fascinantes mistérios da acústica.

Finalmente, agradeço ao Samuel Branco, meu primo, sogro, professor e eterno modelo a ser seguido, que sempre me orientou e incentivou (tanto pessoal quanto profissionalmente), apontando os erros e me ajudando e ensinando a fazer melhor; assim como fez desde a concepção deste livro (uns cinco ou seis anos antes de sua conclusão) até a sua última revisão, apenas dois meses antes de perdermos este que foi o meu segundo pai.

INTRODUÇÃO

Entre as inúmeras conseqüências das alterações produzidas pelo homem nas condições naturais do ambiente em que vive (ou pelo qual simplesmente passa), o ruído é uma das mais importantes, sendo perceptível em qualquer aglomeração humana, por mais primitiva que seja.

Com o crescimento das cidades, a poluição sonora tornou-se um dos mais sérios problemas urbanos, embora nem sempre seja considerado de controle prioritário pelas autoridades. Raramente, o ruído é tratado conjuntamente com os demais casos de saúde pública, sendo freqüentemente considerado como uma simples questão de conforto. Sem dúvida é mais confortável viver em um ambiente silencioso, assim como também é mais confortável ter água encanada e esgoto sanitário em casa. Mas, assim como a poluição das águas, do solo e atmosférica, a poluição sonora constitui um sério problema de saúde, devendo, portanto, ser tratado como tal.

As fontes de ruído são as mais diversas e constituem causa de poluição sonora dependendo da sua localização, da intensidade e periodicidade do ruído produzido. Dessa forma, qualquer som – desde brincadeiras de criança ou latidos de cachorro, música popular ou erudita até vias de tráfego pesado ou parques industriais – pode vir ou não a se caracterizar como poluente. A rigor, considera-se poluição a alteração das características ambientais naturais do meio. Por esse conceito, qualquer som estranho ao ambiente seria entendido como poluição sonora. Para fins práticos, no entanto, considera-se poluição sonora todo som que ultrapasse o nível sonoro reinante, natural, ou seja, acima do ruído de fundo. Nesse caso, o som torna-se incômodo, desagradável, estranho ao meio. Para ter efeito nocivo à saúde, contudo, deve ultrapassar certos níveis de sensibilidade acústica ou tornar-se insistente, de forma que provoque estresse ou tensão nervosa. Esse último aspecto é, porém, delicado, porque há sons perfeitamente naturais em certos ambientes que podem produzir esse efeito estressante, incomodativo, como o de um grande número de cigarras no verão ou de uma araponga com seu grito metálico.

Nos meios urbanos, o ruído de tráfego de veículos é sem dúvida o mais presente, além de ser de difícil controle, visto que as fontes sonoras são móveis e intermitentes, e, pela sua importância ambiental, será o principal foco deste livro, particularmente o ruído rodoviário. Também estão incluídas as demais fontes de ruído fixas, como as indústrias, as atividades comerciais e as recreativas que geram ruído externo prejudicial à sua vizinhança.

Este livro tem o objetivo de divulgar e introduzir o tema, abordando os aspectos técnicos da acústica ambiental. Não se trata de uma obra de conceitos avançados de acústica, bem como não trata dos aspectos de ruído interno e ocupacional, limitando-se às questões de acústica ligadas ao meio ambiente, ou seja, ao ruído que atinge ambientes externos à sua fonte com o potencial de prejudicar as condições ideais do meio. O propósito aqui é mostrar que o problema é real, mas tem soluções, sendo apresentados ainda alguns exemplos práticos de experiências bem-sucedidas no controle acústico.

É, portanto, dirigido a profissionais da área ambiental, responsáveis por gestão, estudos de impacto e planejamento ambiental, sendo também útil ao especialista em acústica que queira adquirir algumas informações adicionais de acústica ambiental, assim como ao leigo

Introdução

(especificamente os projetistas e gerenciadores de rodovias, urbanistas, industriais e outros), que poderá contar com a base conceitual e a prática necessárias para conciliar, de maneira adequada, as suas atividades com o controle da poluição sonora.

CONCEITOS DE ACÚSTICA

Por definição, som é qualquer vibração do ar (variação de pressão) que possa ser detectada pelo ouvido humano. Para tocar um sino, deve-se golpeá-lo para que o metal vibre e emita a sua sonoridade característica. Essa vibração do metal se propaga no ar até o nosso ouvido. A propagação das ondas sonoras no ar se dá da mesma maneira que a das ondas formadas pela queda de uma pedra em um lago, por meio de círculos perfeitos que vão se distanciando do ponto central onde caiu a pedra e se originou a vibração. Logo, os conceitos físicos que regem a acústica são similares aos demais fenômenos vibratórios, com a diferença de que é considerada som somente a freqüência de vibração que esteja dentro da faixa audível pelo ser humano.

A seguir são apresentados alguns dos conceitos básicos de acústica, com aplicação em estudos de acústica ambiental, de forma simplificada.

Freqüência

Qualquer fenômeno vibratório – como o som, a luz, os movimentos sísmicos, a radiotransmissão, etc. – é avaliado de acordo com sua freqüência, ou seja, quantas vezes oscila em função do tempo. A unidade usual para medição de freqüência é o hertz (Hz), que indica uma oscilação por segundo.

São audíveis somente as vibrações de alta freqüência, entre 20 Hz e 20 kHz (ou seja de 20 vibrações por segundo até 20 mil vibrações por segundo), que indicam a tonalidade do som. Os sons de baixa freqüência são os graves, enquanto os de alta freqüência são os agudos. Vibrações com freqüência abaixo de 20 Hz não são audíveis, sendo denominadas de "infra-sons". Do mesmo modo, chamam-se "ultra-sons" as vibrações com freqüência superior a 20 kHz, que também não são percebidas pelo ouvido humano. Embora não sejam audíveis pelos seres humanos, as freqüências ultra-sônicas e subsônicas são captadas por muitos animais, como os cães, que são incomodados por sons mais agudos do que aqueles percebidos pelos humanos. Alguns animais, como os morcegos e os cetáceos, possuem sistemas de orientação sonora, cujo princípio é similar ao dos radares e sonares.

O ruído de tráfego, em geral, apresenta uma faixa de freqüência predominante que varia entre 500 Hz e 1.500 Hz, justamente dentro da faixa de maior percepção do ruído pelos seres humanos (de 1.000 Hz a 4.000 Hz), um dos motivos pelos quais essa fonte sonora representa um constante problema ambiental.

Pressão sonora

Voltando à analogia da pedra lançada ao lago, pensemos no tamanho da pedra que é jogada. Se for pequena, formará pequenas ondas, mas, se for grande e pesada, as ondas formadas também serão proporcionalmente maiores. Ocorre o mesmo com a pressão sonora, que corresponde à intensidade (volume) do som ou à quantidade de energia existente neste. O que escutamos é uma vibração do som, que provoca pequenas variações de pressão que se propagam pelo ar; e a intensidade do som corresponde a essa variação de pressão. A pressão atmosférica ao nível do mar, em condições normais de temperatura e pressão, é de 1 Bar (ou uma medida barométrica). O ouvido humano é sensível a variações de pressão a partir de 2×10^{-10} Bar (0,0000000002 Bar), o que representa uma pressão de apenas 1/5.000.000.000 da pressão atmosférica. E, surpreendentemente, é capaz de suportar pressões acima de 1 milhão de vezes mais altas. Logo, se a medição do som fosse feita diretamente com base na pressão, teríamos uma escala muito ampla para poder atender a todas as variações sonoras audíveis. Para facilitar o manejo dessas grandezas, foi criada a escala decibel (dB).

Decibel

Como já mencionado, o ouvido humano é sensível a uma larga faixa de intensidade sonora, desde o limiar da audição — a mínima intensidade sonora perceptível — até o limiar da dor, que corresponde à máxima intensidade suportável pelo indivíduo médio. O limiar da dor corresponde a 10^{14} vezes a intensidade acústica capaz de causar a sensação de audição. Ante tamanha variação numérica, torna-se inviável a adoção de uma escala linear para a medição da intensidade sonora, tendo sido adotada uma escala logarítmica.

É conveniente observar que todos os conceitos de acústica, tais como as medidas de freqüência e intensidade, foram criados com base na acuidade auditiva média do ser humano, não levando em conta a capacidade auditiva dos demais animais. Logo, muitas vibrações que, tecnicamente, não são consideradas como sonoras, são percebidas por outros animais.

Para a medição do som, foi adotada uma divisão de escala *log* 10, à qual se deu o nome de bel (B). Desse modo, 1 bel seria *log* 10; 2 bel, *log* 100; e assim por diante até 14 bel, que representa o limiar da dor

($log\ 10^{14}$). No entanto, como o bel é uma unidade de escala muito grande para a adequada mensuração de variações de intensidade sonora, em geral usa-se o decibel (dB), que é um décimo de bel. Já o limiar da audição seria expresso como 0 dB ($log\ 1$). Assim, comprime-se uma escala de milhões de unidades em apenas 140 dB.

A grande vantagem da utilização da escala decibel é que, além de simplificar os cálculos, ela corresponde aproximadamente à resposta do ouvido humano ao som (*loudness*), uma vez que o ouvido reage à porcentagem da variação de nível, enquanto 1 dB corresponde sempre à mesma variação relativa, em qualquer ponto da escala. Um decibel é a menor variação que o ser humano pode ouvir. Para tornar um som aparentemente duas vezes mais alto, é necessário um acréscimo de 10 dB.

No entanto, o ouvido humano não é igualmente sensível a todas as freqüências sonoras, sendo que os sons de freqüência muito alta ou muito baixa são escutados em menor intensidade que os de média freqüência, embora a pressão sonora seja igual. Para melhor caracterizar a audição humana, foi criada uma curva de correção na escala (A), que reduz os sons em baixas e altas freqüências, segundo a sensibilidade auditiva. Essa correção é feita eletronicamente pelos aparelhos de medição de nível sonoro, que já podem apresentar os resultados diretamente em dB(A), ou seja, medidos de acordo com a sensibilidade auditiva do ouvido humano. Se o som medido estiver em uma freqüência de 1.000 Hz, não há correção, pois essa é a freqüência de maior sensibilidade do ouvido humano (a título de curiosidade, essa é a freqüência do ruído característico de um pernilongo, razão pela qual esse pequeno inseto é capaz de perturbar tanto o sono de uma pessoa). Conforme variam as freqüências, é necessário subtrair certos valores do nível medido, para representar melhor a "sensação sonora". De 800 Hz até 8.000 Hz, a correção é relativamente pequena, da ordem de 1 dB(A), mas, nos extremos da capacidade auditiva, é bem mais acentuada – por exemplo, a correção é de 9,3 dB(A) para 20.000 Hz e de nada menos de 50,5 dB(A) para 20 Hz, donde se percebe que somos bem pouco sensíveis a sons de baixa freqüência.

Parâmetros de avaliação sonora

Como o ruído ambiental não é constante, é necessário avaliá-lo para obter um valor que seja representativo do ruído característico do local, indicando não somente um valor médio, mas também parâmetros que permitam caracterizar as oscilações sonoras e a respectiva magnitude do impacto causado por ele.

Assim, são utilizados alguns parâmetros estatísticos para facilitar a interpretação dos valores medidos. Os mais empregados são o nível equivalente contínuo (L_{eq}) e os níveis estatísticos L_{10} e L_{90}.

O L_{eq} constitui a integração do nível sonoro medido a cada fração de segundo, representando o ruído médio, ou seja, o nível sonoro que, se fosse contínuo, equivaleria ao ruído de fato medido, que sofre grandes oscilações. É também chamado de "dose de ruído", pois em seu cálculo considera-se não somente o nível sonoro como também o tempo de exposição, que na verdade é o melhor parâmetro de indicação do grau de danos causados por determinada fonte sonora. Por exemplo, um pico sonoro de curta duração de 90 dB(A) causa muito menos danos que um nível sonoro constante de 80 dB(A) por uma hora.

O L_{10} é o nível sonoro que foi ultrapassado em 10% do tempo de medição, e pode ser considerado como o ruído máximo no período, excluídos os picos sonoros que ocorrem somente em 10% do tempo.

Finalmente, o L_{90} é o nível sonoro que foi ultrapassado em 90% do tempo de medição, correspondendo, por definição, ao ruído de fundo. É assim chamado, pois, ao cessarem as principais fontes sonoras (por exemplo quando silenciam simultaneamente todas as vozes em um ambiente repleto de pessoas), resta um nível sonoro "de fundo", oriundo de fontes dispersas e distantes, que não cessa, como, por exemplo, o ruído do ar-condicionado em um escritório ou o som grave (causado por vias de tráfego e outras fontes fixas dispersas) que os habitantes das grandes cidades escutam sempre que não estão sujeitos a fontes sonoras próximas.

O L_{eq}, por representar o ruído médio, é o mais versátil desses parâmetros, sendo por isso normalmente utilizado como parâmetro legal e normativo. Já o L_{10} e o L_{90} auxiliam na avaliação pela indicação do grau de incômodo do ruído medido, dando uma idéia aproximada da amplitude da variação sonora. Na verdade, não apenas o valor médio determina o grau de incômodo de uma fonte de ruído. Grandes variações no nível de ruído são altamente incômodas, pois sons de alta intensidade, isolados, são facilmente perceptíveis e perturbadores. Nesse sentido, parâmetro interessante, mas pouco utilizado na prática, é o nível de perturbação sonora, definido pela expressão:

$$L_{PS} = L_{eq} + (L_{10} - L_{90})$$

Além desses parâmetros, também podem ser medidos diretamente os níveis máximo L_{max} e mínimo L_{min}, que correspondem ao maior ou ao menor nível de pressão sonora detectado durante um período de amostragem. No entanto, tratando-se de ruído ambiental, esses valores são pouco significativos, visto que um pico sonoro de ocorrência esporádica, como o provocado por um estouro de escapamento ou pelo latido isolado de um cão, apesar de levar a um L_{max} muito alto, não corresponde ao ruído característico do ambiente avaliado.

Somatório de ruído

É importante ressaltar que, por se tratar de uma escala logarítmica, o nível de ruído resultante de duas fontes distintas não pode ser obtido pela soma aritmética dos níveis sonoros destas. Para o cálculo do ruído resultante de duas fontes, deve-se proceder à soma logarítmica, segundo a seguinte expressão:

$$L_R = 10 \log (10^{L1/10} + 10^{L2/10})$$

Dessa forma, se somarmos os níveis sonoros de duas fontes de mesma intensidade, obteremos o resultado de 3 dB(A) acima do valor de cada fonte individualmente. Seguindo o mesmo raciocínio, podemos concluir que, se a exclusão de uma das fontes sonoras reduzir o nível resultante em mais de 3 dB(A), esta é a fonte predominante.

Atenuação do ruído com a distância

Uma vez emitido um som, este se propaga esfericamente, em todas as direções, até encontrar um obstáculo que impeça a sua trajetória. No entanto, conforme aumenta a distância da fonte, a frente de onda ocupa uma área maior. Como o nível de energia é constante na frente de onda, esse aumento de área implica uma diminuição da intensidade sonora. Logo, à proporção que o ruído se distancia da fonte, a sua intensidade diminui segundo uma equação exponencial.

Se a fonte sonora for pontual, o decaimento do nível de ruído, de acordo com a distância da fonte, poderá ser calculado pela seguinte equação:

$$L_2 = L_1 - 20 \times \log (d_2/d_1)$$

Isso indica que, cada vez que for duplicada a distância da fonte sonora, haverá uma perda de 6 dB(A).

Já para uma fonte linear, a propagação do som não se dá de forma esférica, mas cilíndrica. Dessa maneira, o decaimento do nível sonoro é menos intenso, havendo uma perda de apenas 3 dB(A) cada vez que se dobra a distância. A fórmula correspondente é a seguinte:

$$L_2 = L_1 - 10 \times \log (d_2/d_1)$$

Uma rodovia é considerada uma fonte linear, mas com algumas ressalvas. O ruído não é contínuo nem constante em toda sua extensão, mas é gerado por pontos emissores (os veículos) que se movem numa mesma linha (a rodovia). Por esse motivo, o ruído máximo de tráfego de uma rodovia, causado por um veículo isolado que passou em determinado momento, tem o comportamento de fonte pontual, devendo portanto ser aplicada a fórmula específica para esse caso. Já o ruído residual de tráfego, que se apresenta constante ao longo da via, tem o comportamento puro de uma fonte linear. Assim, conforme nos distanciamos de uma rodovia, o ruído proveniente dela se torna cada vez mais contínuo, pois o decaimento do L_{10} é mais intenso que do L_{90}, o que, a maiores distâncias, equipara as intensidades dos diferentes níveis estatísticos (L_{10}, L_{90} e L_{eq}), caracterizando uma fonte sonora contínua.

Dessa maneira, tratando-se de vias de tráfego, os parâmetros estatísticos normalmente aplicados em estudos de acústica (L_{eq}, L_{10} e L_{90}) apresentam comportamentos distintos. O L_{10} quase se aproxima de uma fonte pontual, o L_{90} se assemelha mais a uma fonte linear, enquanto o L_{eq} tem um comportamento intermediário.

Propagação do som

Além da atenuação do ruído com a distância, relativamente fácil de calcular, existem outros parâmetros bem mais complexos que interferem na livre propagação sonora.

Como o ar não é um meio perfeitamente elástico (condição ideal de propagação sonora), há uma perda de energia na transmissão aérea do ruído. Essa perda é de difícil estimativa, pois varia conforme a freqüência do som e as condições meteorológicas (temperatura, ventos e

Conceitos de acústica

umidade relativa do ar). Quanto mais alta a freqüência do som, maior será a atenuação do ruído no ar, motivo pelo qual, em grandes distâncias da fonte de ruído, praticamente só são audíveis os sons de baixa freqüência (mais graves).

Já as condições climáticas influenciam a atenuação, sendo esta maior com a diminuição da umidade relativa do ar, à mesma temperatura. O efeito da variação da temperatura na atenuação do ruído, por sua vez, é ainda mais complexo, sendo maior a atenuação em temperaturas intermediárias (dependendo da umidade) e menor em temperaturas mais altas ou mais baixas. Se for considerado que a temperatura do ar varia conforme a altura em relação ao solo, a questão adquire mais um ponto de complexidade. Com a variação da temperatura do ar ao longo do percurso da onda sonora, o modo como esta é atenuada e desviada é alterado ponto a ponto, o que leva a um comportamento da propagação do ruído de muito difícil previsão.

Finalmente, o vento também atua decisivamente na propagação do ruído, direta e indiretamente. De modo direto, quando a massa de ar se desloca, as ondas sonoras se movem na mesma proporção, uma vez que o ar é o meio de propagação do som. Dessa maneira, um vento com direção da fonte para o receptor provoca neste a percepção de aumento do nível de ruído resultante, visto que as ondas sonoras tiveram de atravessar uma massa de ar menor, o que diminui as perdas. Com o vento no sentido oposto, ocorre o fenômeno inverso. Além disso, o vento atua indiretamente, interferindo no gradiente térmico e provocando as alterações já descritas na propagação do ruído.

Por esses motivos, as fórmulas apresentadas para o cálculo do decaimento do nível sonoro em função da distância da fonte são válidas somente para uma estimativa inicial, devendo sempre ser aferidas com medições de nível sonoro no local, realizadas próximas à fonte e aos pontos receptores, que constituem a única maneira realmente segura de determinar o mapeamento acústico de uma dada região.

Medição do som

Para a medição do nível de ruído é utilizado um aparelho denominado medidor de nível sonoro, popularmente conhecido como "decibelímetro".

O medidor de nível sonoro básico é composto de um microfone de precisão para transformar a vibração do ar (pressão acústica) em sinal elétrico. Esse sinal, de pequena potência, deve passar por um pré-amplificador linear e pelo circuito de compensação (correções da escala A). Depois é novamente amplificado, sendo avaliada a sua intensidade por meio de um sinal analógico ou digital gerado para indicação instantânea no mostrador ou armazenado em memória para que o processador interno possa calcular os parâmetros de avaliação desejados, como o L_{eq}, L_{10} e L_{90}, entre outros.

Os equipamentos adequados à avaliação ambiental realizam amostragens do nível sonoro em frações de segundo, armazenando em memória os parâmetros calculados a cada segundo, e com esses dados podem gerar gráficos que indicam os parâmetros de avaliação sonora em função do tempo de amostragem. Adiante apresentamos um laudo de medição de ruído apropriado à avaliação acústica de um dado local.

Observa-se, no laudo, o gráfico com o registro da variação do nível sonoro ao longo do tempo de avaliação (5 minutos). Nele consta também o resultado da medição (L_{eq} médio do período de medição), bem como a indicação do local, da data e do horário, e algumas observações julgadas pertinentes pelo operador. É sempre útil incluir uma foto do local, para indicar o ponto exato em que foi fixado o tripé com o medidor de nível sonoro, e fornecer suas coordenadas, obtidas com um GPS.

Uma avaliação acústica inicia-se com a cuidadosa escolha dos pontos de medição e dos horários de amostragem, que devem representar a área de estudo e o fenômeno que se pretende avaliar. Devem-se buscar locais que estejam livres de interferências sonoras indesejáveis (latidos de cães, por exemplo) e que caracterizem bem a fonte sonora ou o ponto receptor, conforme o objetivo da avaliação. O horário de medição tem de ser representativo do que se pretende estudar, podendo ser diurno ou noturno, ou ainda ser estabelecidos momentos específicos como, por exemplo, o horário de pico de tráfego ou de acionamento de determinado equipamento industrial. É conveniente também que o ponto onde ocorreu a medição seja corretamente identificado, para que seja possível uma futura repetição do procedimento no ponto exato.

Outro item de extrema importância em uma medição de ruído é o tempo de amostragem a ser adotado, ou seja, o período durante o qual o medidor de nível sonoro deverá permanecer ligado, captando e armazenando os sinais sonoros, para a posterior análise desses dados, com o cálculo dos parâmetros de avaliação sonora já descritos (L_{eq}, L_{10} e L_{90}, por exemplo). O tempo de amostragem depende essencialmente das características da fonte sonora a ser avaliada. Se for uma fonte industrial, operando em regime rigorosamente constante, bastam alguns segundos para determinar o nível sonoro com absoluta exatidão. No entanto, em acústica ambiental raramente ocorre esse tipo de situação. Normalmente existem diversas fontes sonoras, e a maior parte delas varia aleatoriamente ao longo do tempo. Nesses casos, o tempo de amostragem deve ser de alguns – ou vários – minutos. Em uma via de tráfego intenso, por exemplo, um tempo de amostragem de 5 a 10 minutos em geral é suficiente para fornecer um resultado representativo. Já em rodovias vicinais, de pouco fluxo de veículos, torna-se necessária uma amostragem mais demorada. O importante é obter um resultado de medição que, se repetido em seguida, apresente novamente o mesmo valor. Para garantir isso, há duas metodologias práticas. Uma é simplesmente repetir o período de medição em seguida, a fim de assegurar que os dois valores sejam iguais. Caso não se obtenha esse resultado, repete-se novamente o procedimento com um tempo de amostragem maior. A outra, mais simples, consiste em observar, durante a amostragem, o valor acumulado do L_{eq}. Quando este se tornar constante, não variando mais que 0,1 dB(A) ou 0,2 dB(A), pode-se ter a segurança de que o tempo de amostragem está adequado.

O medidor de nível sonoro deve ser fixado sobre um tripé, em local firme e seguro, distando no mínimo 2 m de qualquer obstáculo, como uma parede. O microfone deve estar voltado para a fonte sonora que se pretende avaliar e o operador deve permanecer em silêncio – evitando se mover para não provocar ruídos – e posicionar-se preferencialmente a certa distância do equipamento durante o período de amostragem.

Antes de iniciar uma medição, o aparelho deverá ser aferido com o calibrador específico (que emite um nível sonoro contínuo e exato), sendo repetido esse procedimento no fim do trabalho. Caso o medidor de nível sonoro apresente uma variação da calibração, a medição deverá ser repetida.

Os medidores são classificados conforme o seu grau de precisão, pertencendo à classe 1 os de maior precisão, à classe 2 os de uso geral e à classe 3 os de uso comum. Para a avaliação de ruído ambiental, é recomendável que se utilizem somente equipamentos de classe 1, pois são os únicos que atendem plenamente aos requisitos de precisão exigidos pela normalização e pela legislação pertinente, as quais serão abordadas no capítulo "Ruídos dos veículos automotores". Ademais, com o avanço tecnológico, já se tornou relativamente simples a construção de equipamentos de classe 1, o que reduz a diferença de custo entre esse equipamento de maior precisão e os demais. Embora não haja na normalização menção a respeito, também é recomendável que o equipamento utilizado seja do tipo integrador, com análise estatística (capaz de calcular automaticamente o L_{eq}, o L_{10} e o L_{90}, entre outros parâmetros) e registro gráfico dos dados, podendo gerar laudos completos como o apresentado na figura 1.

A foto a seguir mostra um medidor de nível sonoro acoplado ao seu calibrador.

Foto 1. Medidor de nível sonoro

Figura 1. Laudo de avaliação sonora

Operator information

Measuring Point:	2	Operator:	Eduardo Murgel
Location:	Bairro da Cachoeira - Atibaia - vizinhança de pista de motocross		

Results from 2236

Logging interval (sec):	1	Date:	4/jun/06
Detector & Frequency Weighting:		From:	13:44:19
RMSA	Fast	To:	13:49:21
PeakL			
Measuring Range:	30-110 dB		
		Total Leq:	46,8 dB
		Total L10:	50,0 dB
		Total L90:	41,5 dB

Graph

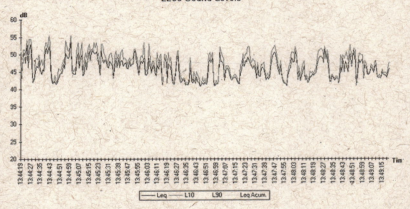

Equipment information

Brüel & Kjaer   Model: 2236   Serial number: 1879909
According: IEC 651 - Type 1; IEC 804 - Type 1; ANSI S1.4 - Type S1
Cert. Calibração - RBC: n. 14,271 - de 09/05/2006 Laboratório Chrompack (Credenc. Inmetro: n. 256)

Comments

Coordenadas UTM (Datum SAD 69)

Zona	Easting	Northing	Altitude
23K	350577	7445913	817

Em frente à entrada de chácara localizada a cerca de 300 m da pista
ruído predominante da pista

EFEITOS DO RUÍDO

No capítulo anterior, foram apresentados diversos conceitos básicos de acústica, tendo sido várias vezes utilizados os termos "som" e "ruído". No que diz respeito às leis da física, os termos são equivalentes, mas na prática há uma sutil (e por isso mesmo de difícil explicação), porém fundamental, diferença.

Som é, por definição, qualquer vibração com freqüência dentro da faixa audível pelo ser humano, como já foi mencionado. Ruído é obviamente um som, mas nem todo som é um ruído. Em termos físicos, ruído é uma superposição de numerosas vibrações de freqüências diversas, não harmônicas entre si, ou, mais simplesmente, um conjunto de sons produzidos por vibrações irregulares, sem o caráter de periodicidade e harmonia. Essa falta de harmonia é que torna um som desagradável.

No entanto, mesmo sons harmônicos, se de intensidade muito elevada, podem ser incômodos e causar danos à saúde. Assim, são denominados ruído todos os sons desagradáveis, perturbadores ou danosos à saúde e ao meio ambiente que não façam parte do ambiente natural. Portanto, um som de intensidade muito alta, que possa prejudicar a audição, por exemplo, é sem dúvida um ruído, assim como um som desagradável, mesmo que de baixa intensidade. Mas na prática a questão é ainda mais subjetiva.

Uma música não pode ser considerada como ruído, pois se trata de sons harmônicos e agradáveis, com o poder de distrair, relaxar, criar um ambiente adequado às mais diversas atividades. Porém existem diferentes gostos musicais, e o som de uma sinfonia clássica pode "ofender" os ouvidos já desgastados de um amante do *heavy metal*. Por mais que se ame os animais, torna-se irritante o latido desesperado do cachorro do vizinho cada vez que um transeunte passa pela rua. E há também o momento ou a condição individual. O que para uns é o ruído impertinente de uma festa na vizinhança durante a madrugada, para outros é o delicioso "som" a todo volume, emitido por potentes caixas acústicas, para dançar.

Logo, a caracterização de um "som" como "ruído indesejável" é algo bastante subjetivo, portanto, discutível. Há certas fontes sonoras, por sua vez, que dispensam a discussão sobre a qualidade do som produzido, como o tráfego de veículos em uma rodovia. Para nenhum ser humano que goze de sanidade mental, o som proveniente dessa fonte pode ser considerado agradável, que mereça gravação em CD para ser escutado quando se está longe da via de tráfego. No entanto, se esse som for de baixa intensidade e limitado a horários menos críticos, pode não ser qualificado como um ruído prejudicial e perturbador. Portanto, tratando-se de sons emitidos pelo tráfego de veículos, a sua caracterização como ruído, ou poluição sonora, somente ocorrerá se sua intensidade estiver acima de determinado nível, que varia conforme o horário, sendo mais danosos os ruídos noturnos, que prejudicam o período normalmente dedicado ao descanso.

Finalmente, há outro aspecto a ser considerado, que é a oscilação da intensidade sonora. Ruídos contínuos às vezes são menos perturbadores do que aqueles com grandes variações. Por exemplo, o ruído – freqüentemente em nível bastante elevado – de uma cachoeira é agradável e relaxante, enquanto o ladrar de um cão, repentino, pode levar ao estresse. Isso se deve ao sobressalto que um som repentino gera – as causas serão descritas detalhadamente no item "Efeitos neuropsíquicos".

Incomodidade do ruído

Independentemente dos limites legais e dos efeitos na saúde, os níveis de aceitação do ruído variam conforme o receptor e o ruído de fundo existente.

Em geral, uma comunidade reage negativamente a uma fonte sonora, a partir de 65 dB(A), quando surgem raras reclamações. Estas se tornam generalizadas quando o nível de ruído atinge 75 dB(A), e a poluição sonora torna-se inaceitável a partir dos 80 dB(A). Em geral, como apresentado no quadro 1, considera-se que um ruído provoca pequena perturbação quando está 3 dB(A) acima do ruído de fundo preexistente; com mais de 5 dB(A), o nível de incômodo é médio; sendo alta a perturbação provocada por fontes sonoras com mais de 10 dB(A) acima do ruído de fundo.

Quadro 1. Níveis de incômodo de uma fonte de ruído

Alta perturbação	
	R. F. + 10 dB(A)
Média perturbação	
	R. F. + 5 dB(A)
Pequena perturbação	
	R. F. + 3 dB(A)
Audível	
	R. F. – Ruído de fundo
Não audível	

Perda auditiva

A audição é possível graças ao complexo sistema auditivo, que capta as mínimas variações rítmicas de pressão do ar (vibrações sonoras) e as transforma em sinais neurológicos para que possam ser compreendidos e interpretados pelo cérebro como sons. Para que isso seja possível, o sinal sonoro passa por várias etapas e transformações em delicadas partes do órgão auditivo.

A orelha (tradicionalmente chamada de ouvido externo) é constituída pelo pavilhão auricular propriamente dito, que tem a função de captar as vibrações sonoras, amplificando-as, por seu formato de concha e suas intrincadas nervuras, que permitem que certas freqüências sejam captadas com mais eficiência que outras. Dependendo da posição relativa entre o ouvinte e a fonte sonora, o pavilhão auricular promove um acréscimo na pressão sonora de 7 dB(A) a 10 dB(A), na faixa de freqüência de 2.000 Hz a 5.000 Hz. Por possuirmos duas orelhas, ainda é possível localizar a direção da fonte sonora e seu eventual movimento, pela diferença de tempo entre a chegada do som a uma orelha e outra. Por isso, a perda de acuidade auditiva em um ouvido prejudica a capacidade de localizar a origem de um som. Em muitos animais, a movimentação do pavilhão auricular permite uma localização muito mais precisa do som.

As vibrações sonoras captadas pelo pavilhão auricular são, então, conduzidas pelo canal auditivo – ou meato – até o tímpano. O meato é um canal cilíndrico, com uma parte inicial cartilaginosa e outra óssea, onde se estreita, é revestido de pele e possui pêlos e glândulas produtoras de cera, que têm a função de proteger a membrana timpânica contra corpos estranhos. O tímpano é formado por uma membrana bastante delgada que, excitada pela vibração sonora, a transforma em vibração mecânica.

Nesse ponto se inicia a região tradicionalmente chamada de ouvido médio, que na nomenclatura atual passou a ser denominado parte média da orelha. As vibrações, agora mecânicas, do tímpano são transmitidas a um sistema de delicados ossículos – martelo, bigorna e estribo – de dimensões extremamente reduzidas (todo o ouvido médio tem de 1 cm³ a 2 cm³), que ampliam essas vibrações por um complexo de alavancas. Ainda na orelha média, está localizada a trompa de Eustáquio, um canal de ligação com as vias respiratórias cuja função é equilibrar as pressões interna e externa, dos dois lados do tímpano. A parte média tem a função, portanto, de aumentar a amplitude das vibrações, ligando mecanicamente o tímpano à parte interna do sistema auditivo – a orelha interna.

A parte interna da orelha tem a finalidade de transformar as vibrações mecânicas já ampliadas em estímulos nervosos, transmitindo ao cérebro a informação. A orelha interna é composta de três partes distintas: o vestíbulo, os canais semicirculares e a cóclea, que formam um sistema de três canais enrolados o qual do ápice à base mede apenas 5 mm, mas, desenrolado teria 35 mm. Esses canais em "caracol" estão cheios de líquido, que vibra ao receber o impulso do estribo, o último dos ossículos da orelha média, em contato direto com a janela oval, que marca o início da parte interna. Nesse local, portanto, a vibração mecânica é transformada em ondas de pressão hidráulica, criando ondulações que estimulam o chamado órgão de Corti. Este é composto de cerca de 20 mil células sensitivas, as células ciliares, que recebem a ondulação hidráulica e a transforma em sinais nervosos. As ondas percorrem distâncias diferentes ao longo da cóclea, com espaços de tempo distintos de atraso, dependendo da freqüência. Com isso, cada freqüência diferente atinge um setor do órgão de Corti, excitando determinadas células ciliares que reconhecem aquela freqüência. As altas freqüências são captadas no início da cóclea, enquanto as baixas percorrem todo o caracol até sua extremidade. Para captar diferentes freqüências, as fibras das células ciliares têm um comprimento que varia de 0,04 mm na base até 0,5 mm no ápice. As fibras mais curtas vibram com altas freqüências, enquanto as mais longas vibram com baixas freqüências.

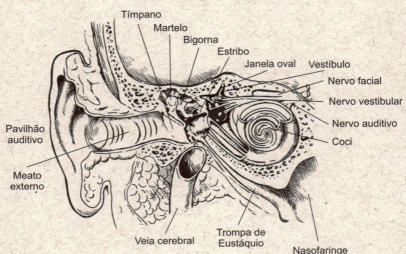

Figura 2. Ouvido humano

Fonte: S. Gerges, *Ruído: fundamentos e controle* (Florianópolis: UFSC, 1992), p. 43.

Com a idade, naturalmente, as células ciliares vão perdendo a sua capacidade vibratória, diminuindo a acuidade auditiva. Isso ocorre normalmente a partir dos 30 anos, aproximadamente, sendo normal aos 70 anos uma perda de sensibilidade da ordem de 10 dB a baixas freqüências até cerca de 50 dB a altas freqüências.

O primeiro efeito fisiológico da exposição a altos níveis de ruído é a perda de audição nas freqüências mais altas (de 4 kHz a 6 kHz), acompanhada da sensação de percepção do ruído após o afastamento da fonte sonora. É o conhecido "zumbido", que permanece por alguns minutos ou até horas depois que cessa o ruído intenso. Esse é um efeito temporário, sendo a acuidade auditiva recuperada depois de algum tempo, que varia de acordo com o período de exposição, a intensidade sonora e a freqüência do ruído ao qual o indivíduo esteve exposto. O tempo de recuperação é sempre mais prolongado do que o de instalação da fadiga auditiva. A recuperação segue um andamento de proporcionalidade logarítmica, sendo a maior parte da perda auditiva temporária recuperada em 2 ou 3 horas, mas a regeneração total leva até dezesseis horas, dependendo do estímulo recebido.

No entanto, se a exposição ao ruído é repetida antes da completa recuperação da audição, a perda temporária pode se tornar permanente, pois as células ciliares são irremediavelmente danificadas. Essa perda auditiva, definitiva, ocorre não somente nas freqüências de 4 kHz a 6 kHz, mas também em outras superiores ou inferiores.

Logo, a exposição continuada ou diária a altos níveis de ruído, sem o tempo necessário à plena recuperação da perda auditiva temporária, leva pouco a pouco ao dano permanente.

Exposições continuadas a fontes de ruído com intensidade da ordem de 85 dB(A) são suficientes para causar danos irreversíveis à audição, que se tornam mais graves à medida que aumenta a intensidade ou o tempo de exposição. Embora a perda auditiva seja mais comum em pessoas idosas, as quais foram submetidas por muitos anos a níveis sonoros elevados, também é freqüente a surdez parcial em jovens que foram expostos, por períodos curtos, a níveis de ruído extremamente elevados.

O ruído em danceterias, por exemplo, que ultrapassa os 90 dB(A), segundo estudos realizados na Inglaterra, acarreta 0,5% de perdas auditivas irreversíveis nos ouvintes com pouco mais de duas horas de exposição. Com isso, atualmente há jovens de grandes cidades com acuidade auditiva igual ou inferior a idosos que sempre viveram no campo.

A perda auditiva por exposição a ruído intenso é bastante lenta e irreversível. E, quando se percebe a sua ocorrência, já não há meios de reparar o dano, o que torna particularmente importante a prevenção. Por esse motivo, recentemente se passou a recomendar que se evitem exposições prolongadas a níveis de ruído acima de 75 dB(A), como meio de preservar a audição.

A diminuição definitiva da acuidade auditiva ocorre com mais intensidade nas altas freqüências. Estudos demonstram que, em cerca de dez anos de exposição contínua ao ruído, ocorre uma perda acentuada na percepção de sons acima de 2.500 Hz, e a partir de então a diminuição passa a ser bem mais lenta. Isso porque a sensibilidade às baixas freqüências diminui de forma praticamente contínua ao longo do tempo de exposição, como pode ser visto no gráfico 1.

O gráfico 2 apresenta um audiograma que indica a perda auditiva para indivíduos expostos a ruído intenso por diferentes períodos; nele se observa claramente a perda bem mais acentuada nas altas freqüências, bem como o efeito do aumento do tempo de exposição.

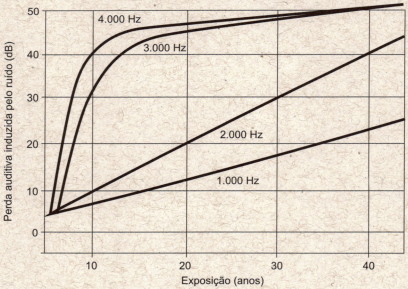

Gráfico 1. Desenvolvimento da perda auditiva induzida pelo ruído, em função do tempo de exposição

Fonte: U. Paula Santos (org.), *Ruído: riscos e prevenção* (2ª ed. São Paulo: Hucitec, 1996), p. 48.

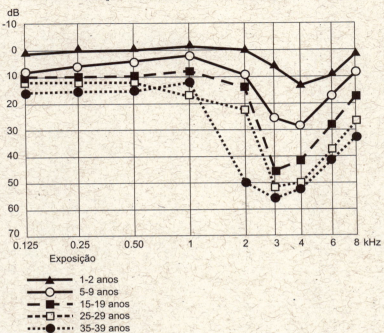

Gráfico 2. Evolução do limiar auditivo com o tempo de exposição

Fonte: U. Paula Santos (org.), *Ruído: riscos e prevenção*, cit., p. 49.

Efeitos neuropsíquicos

A audição é o primeiro sentido de alerta do ser humano e dos animais superiores. Ao ouvir um som inesperado, qualquer animal (incluindo o homem) coloca-se em estado de alerta, pronto para a reação de defesa, caso esta se torne necessária, tentando localizar e melhor identificar, com a visão, a origem daquele som.

Por se tratar de tão importante instrumento de defesa, o ouvido não pode ser desligado, não tem pálpebras como os olhos. A audição está sempre ativa, mesmo durante o sono, quando os demais sentidos têm o seu momento de descanso. Quando dormimos, não vemos o que ocorre à volta, e a nossa mente se cobre com as imagens e os sons de nossos sonhos. No entanto, os sons exteriores, verdadeiros, continuam sendo detectados pelo sistema auditivo e processados pelo cérebro de forma inconsciente, e nos farão despertar, colocando-nos em estado de alerta – de modo consciente –, caso algum ruído se destaque dos demais, indicando a menor possibilidade de perigo. Por esse motivo, as pessoas normalmente não se sentem bem dormindo com tampões de ouvido, pois, com a acuidade auditiva diminuída abruptamente, instintivamente não se sentem seguras.

Se um ruído perdura continuamente, é mantido o estado de alerta determinado por nossos instintos, gerando alta e seguida atividade dos órgãos envolvidos. Com o tempo ocorre a fadiga desses órgãos sob tensão, levando a um estado de torpor, e os efeitos primários não são mais sentidos. No entanto, a alta solicitação permanece, até o momento em que se manifesta um problema. Além disso, esse estado de atenção em que se mantém o organismo, provocado pela "ameaça" que o ruído pode representar, gera um processo inconsciente de ansiedade.

Tomemos como exemplo um torcicolo. Quando a musculatura do corpo está tensa (seja por cansaço, seja por problemas emocionais, seja mesmo – por que não? – por sujeição a um alto nível de ruído), a princípio sentimos dor e desconforto, que após algum tempo passam, como se tivéssemos nos "acostumado" com essa situação adversa. Porém, mesmo sem fazer nenhum movimento brusco, passamos a sentir forte dor, que pode até nos imobilizar, por ter girado o pescoço de "mau jeito". Ora, não existe girar o pescoço de mau jeito, ele foi feito justamente para ser girado; foi a tensão preexistente na musculatura que causou a dor, não o movimento.

Efeito similar ocorre com o ruído continuado, um estímulo externo que, por manter o estado de alerta do organismo como um todo, gera um desconforto generalizado e a conseqüente frustração pela impossibilidade de interromper a sua recepção, visto que não é possível desligar a audição como se cerram os olhos. A frustração é justamente o alimento psíquico da irritação, que é o primeiro estágio da raiva, "disparada" por um – às vezes – pequeno estímulo adicional.

É importante ressaltar, que todo esse processo se dá de forma inconsciente, e, quando alguma pessoa diz que não se incomoda com o ruído, na verdade ela se encontra no estado de torpor, insensível aos efeitos primários do ruído, porém sofrendo o desgaste emocional latente. Essa pessoa não vai reclamar diretamente do ruído (com o qual já se "acostumou"), mas vai discutir ferozmente com o seu vizinho porque este estacionou o carro na "sua" vaga na rua, com uma argumentação tão equivocada quanto a idéia de que seu torcicolo foi provocado pelo giro do pescoço (e não pela tensão muscular preexistente).

Ao ser inserido em um ambiente ruidoso, o ser humano se torna tenso e irritadiço, alternando períodos de apatia com outros de profunda raiva. Naturalmente, se essa situação for contínua e diária, ou impedir o sono adequado, os seus efeitos refletir-se-ão nas atividades diárias do indivíduo, tanto no campo prático, produtivo, quanto nas relações sociais e afetivas.

Acordados, os seres humanos começam a sentir esses efeitos em ambientes sujeitos a níveis sonoros a partir de 55 dB(A), efeitos que se tornam críticos quando o nível atinge 65 dB(A), normalmente ultrapassado no dia-a-dia urbano.

Há ainda que considerar como um efeito sério, de ordem psicológica, a dificuldade de comunicação verbal em um ambiente ruidoso. Por ser um animal social e intrinsecamente comunicativo, o ser humano se ressente gravemente quando é tolhido dessa capacidade. Conseqüentemente, o indivíduo pode se tornar irritadiço e exasperado com tudo, além de ter a sua capacidade de atenção prejudicada.

O tom de voz normal, ideal para uma conversação "civilizada" e que não maltrata as cordas vocais, é da ordem de 55 dB(A). Para a inteligibilidade total das palavras, é necessário que a intensidade sonora da voz seja de 10 dB(A) acima do ruído de fundo. Logo, em ambientes com nível de ruído de mais de 45 dB(A), já se torna necessário elevar o tom de voz acima do normal, sendo considerado como nível limite para uma conversação razoável 70 dB(A).

Ação nos outros órgãos

Depois de discutir os efeitos da poluição sonora sobre a audição, pretendemos nesta seção discorrer sobre outro aspecto da poluição sonora, bem menos estudado, que diz respeito à exposição a níveis de ruído de menor intensidade, que trazem diferentes efeitos nocivos à saúde, os quais, segundo alguns autores, podem até mesmo ser considerados muito mais graves que a perda auditiva. Estudos recentes evidenciam que a exposição a níveis de ruído a partir de 70 dB(A) acarreta sensíveis alterações de ordem neuropsíquica.

As vibrações sonoras, em seu percurso pelo sistema auditivo, passam por diversas estações subcorticais, em especial aquelas responsáveis pelas funções vegetativas do organismo. Dessa forma, ao ser submetido a um som de mais alta intensidade, um indivíduo apresenta duas reações básicas: de alarme e neurovegetativa.

A reação de alarme é imediata ao ruído e tem uma duração que depende da sua intensidade. Trata-se de uma resposta rápida do organismo à ameaça que o ruído pode representar, constituindo uma reação de defesa do organismo, que se coloca instantaneamente em estado de prontidão. É o caso, por exemplo, do ruído de um tiro ou de um estouro de escapamento, que, embora de origens totalmente distintas, provocam igualmente reações instantâneas de alerta.

Efeitos do ruído

Os sintomas da reação de alarme são o aumento da freqüência cardíaca e respiratória e a elevação da pressão arterial, tudo isso causado por uma constrição dos vasos capilares periféricos conjugada à vasodilatação cerebral. O principal objetivo desse mecanismo de defesa do organismo é aumentar a oxigenação do cérebro, mantendo-o em máxima atividade para a reação de defesa ao perigo iminente que o ruído representa. Esses efeitos, na verdade, são causados por outros sintomas que se manifestam conjuntamente, como aumento da secreção salivar, dilatação pupilar, brusca contração muscular e aumento das secreções de hormônios supra-renais (adrenalina e noradrenalina).

Por se tratar de uma reação de defesa do organismo, nos segundos iniciais em que é submetido a um elevado nível de ruído, o indivíduo estará mais preparado para ações de autodefesa, com alto grau de atenção e reflexos. No entanto, o desgaste a que é submetido um organismo nessas condições é enorme, logo passando para a segunda fase de reações, com efeitos no sistema neurovegetativo.

A reação neurovegetativa é a resposta lenta do organismo. Ela persiste durante toda a estimulação do alto nível sonoro, seguindo à reação de alarme, caso o ruído inicial persista, como ocorre quando se ingressa em uma rodovia com excessivo movimento de veículos pesados ou em um longo túnel. Mantém-se a vasoconstrição periférica conjugada ao maior afluxo sanguíneo no cérebro, o que provoca uma pequena variação da freqüência cardíaca e da pressão arterial. Há um rareamento da freqüência e da intensidade respiratória, além de hipertonia muscular e modificação da motilidade gastrointestinal.

Alguns dos efeitos do ruído no organismo, mais bem estudados e caracterizados, são a diminuição da habilidade de concentração, as alterações cardiocirculatórias, os prejuízos à visão e as alterações gastrointestinais, entre outros problemas de saúde.

Um dos principais efeitos não auditivos do ruído é a vasoconstrição, ou seja, a diminuição do diâmetro interno dos vasos sanguíneos. Como resultado há um prejuízo na circulação, compensado normalmente pelo aumento da pressão sanguínea, acompanhado ou não de aceleração dos batimentos cardíacos, fenômenos esses causados pelo aumento da produção de adrenalina, conseqüência primária da exposição a níveis de ruído elevados. Esses sintomas surgem como um mecanismo de defesa, para deixar o indivíduo de prontidão e mais apto a reagir aos perigos que um ruído pode estar sinalizando. No entanto, havendo exposição continuada ao ruído elevado, há uma tendência de não se reverter o quadro hipertensivo com todas as suas conseqüências.

Diversos estudos realizados demonstraram que grupos de trabalhadores submetidos a níveis de ruído entre 60 dB(A) e 115 dB(A) apresentaram maior incidência de hipertensão e infarto do miocárdio do que outros grupos de trabalhadores não sujeitos ao ruído. Além do nível sonoro, observou-se que o tempo de exposição é um fator de extrema importância, sendo que trabalhadores com cerca de 25 anos de idade, mas sujeitos a ruído há dez anos, apresentaram problemas cardíacos que normalmente só se observariam em pessoas com 50 anos de idade.

Segundo estudos realizados por W. Babisch, foi detectado um aumento de 20% da incidência de infarto do miocárdio em regiões de Berlim, Alemanha, onde o ruído se mantinha acima de 70 dB(A) em média.[1] Se calcularmos a população brasileira que reside em ambientes urbanos sujeitos a níveis superiores a esse, teremos alguns milhões de pessoas, o que levaria a um número incontável de óbitos, oficialmente diagnosticados como "parada cardíaca", mas primariamente causados pela poluição sonora.

Já os efeitos gastrointestinais são decorrentes das vibrações de mais baixas freqüências, inferiores a 500 Hz, captadas por órgãos ocos de

---

[1] W. Babisch, *apud* F. Pimentel Souza, "Efeito do ruído no homem dormindo e acordado", em *Anais do XIX Encontro International da Sociedade Brasileira de Acústica (Sobrac)*, Belo Horizonte, 2000.

grosso calibre (vasos sanguíneos principais, estômago e intestino), que desencadeiam uma série de reações e alterações nos movimentos peristálticos, prejudicando o encaminhamento do alimento no sistema digestivo, vindo a provocar diarréia ou prisão de ventre, dependendo da reação específica de cada indivíduo. Outro efeito decorrente do ruído de baixa freqüência (tons mais graves) é o aumento das secreções gástricas no estômago, que leva ao desenvolvimento de gastrites e úlceras do duodeno, comprovado pelo fato de trabalhadores sujeitos ao ruído apresentarem maior incidência dessas doenças.

Embora essas reações só ocorram após um tempo de exposição mais longo do que aquele necessário para provocar as alterações de ordem auditiva, surgem como efeito de ruídos de menor intensidade do que aquela capaz de prejudicar a audição, manifestando-se a partir de níveis de ruídos da ordem de 70 dB(A).

O ruído elevado, ao estimular o cérebro a manter o organismo em estado de prontidão, acaba por induzir um amplo desequilíbrio no sistema endócrino. Entre as conseqüências da exposição a altos níveis de ruído, observam-se: aumento da produção de adrenalina e cortisol, que entre outros efeitos leva à hipertensão arterial; hipertireoidismo; maior incidência de diabetes. Em estudo realizado com jovens submetidos a níveis de ruído de fundo de 50 dB(A) à noite e 70 dB(A) durante o dia, com picos da ordem de 85 dB(A), foi observado um aumento de 25% da liberação de colesterol e de 68% de cortisol.[2]

Embora ainda não conclusivos, alguns estudos também apontam um prejuízo no sistema imunitário como conseqüência direta do ruído.

A partir do quinto mês de gestação, o ouvido do embrião já está formado, passando a reagir aos ruídos externos, o que foi demonstrado pelo aumento de sua movimentação e da freqüência cardíaca. Mulheres

---

[2] R. W. Cantrell *apud* F. Pimentel Souza, "Efeito do ruído no homem dormindo e acordado", cit.

grávidas submetidas a altos níveis de ruído têm diminuída a produção de lactogênio placentário, um hormônio que regula o crescimento do embrião. Como resultado, há o risco de má-formação de natureza neurológica ou, caso a produção do lactogênio seja muito reduzida, o aborto.

Também as funções sexuais e reprodutivas podem ser afetadas pelo ruído, como conseqüência do já citado desequilíbrio do sistema endócrino, que leva a uma diminuição – em virtude da alteração dos hormônios produzidos na hipófise – dos hormônios gonodais. Essa perturbação acarreta, no homem, a diminuição da libido, a impotência e/ou a infertilidade (pela diminuição dos espermatozóides). Na mulher, há a possibilidade de alterações do ciclo menstrual e eventual suspensão da ovulação, levando à infertilidade.

O órgão responsável pelo equilíbrio, nos seres humanos, é o vestíbulo, ou labirinto, localizado no ouvido, portanto, bastante ligado ao sistema auditivo. Por isso, pessoas expostas a altos níveis de ruído freqüentemente apresentam os sintomas da perturbação vestibular, ou seja, tontura, dificuldade de equilíbrio, náuseas e vômitos. Os sintomas permanecem algum tempo depois de cessar o ruído e, caso este persista, podem levar a um quadro crônico de labirintite.

No sistema nervoso, a exposição a ruídos elevados – tanto de curta quanto de longa duração – causa distúrbios nos diversos nervos do corpo. Entre outros efeitos, observam-se tremores de mãos, diminuição da reação a estímulos visuais, desencadeamento de crises epilépticas, mudança na percepção de cores e aparecimento de zumbido no ouvido causado pela lesão no nervo auditivo.

Para o bom rendimento do trabalho intelectual, diversos estudos indicam ser necessário que o ruído se mantenha abaixo de 55 dB(A), visto que níveis mais altos diminuem a capacidade de desenvolvimento de tarefas que exijam memorização, planejamento, concentração ou leitura, prejudicando a produtividade e aumentando a probabilidade de erros.

Um dos efeitos mais conhecidos do ruído é o prejuízo ao sono, que leva ao despertar, principalmente nas fases de sono leve e paradoxal (período no qual se dão os sonhos). No entanto, a exposição ao ruído antes do momento de dormir pode ser prejudicial, pois causa insônia ou dificuldade em adormecer, bem como a diminuição dos períodos de sono profundo, que é justamente a fase mais reparadora do sono, impedindo que a pessoa usufrua do descanso adequado, o que compromete todas as suas atividades do dia seguinte, além de causar diversos danos à saúde.

A partir de 35 dB(A), o organismo começa a responder aos estímulos sonoros, iniciando-se o processo de alerta já descrito. Acima desse nível, portanto, diminui sensivelmente o tempo de sono profundo. O despertar costuma ser causado por picos sonoros de 8 dB(A) a 19 dB(A) acima do ruído de fundo. Também, quanto maior o nível de ruído, maior o tempo para conciliar o sono – mais de 20 minutos, em média, para níveis acima de 65 dB(A) a até 10 minutos para níveis que não ultrapassem 55 dB(A).

Finalmente, um dos efeitos curiosos do ruído é a sua ação de viciar, causando dependência química. A condição de estresse, já descrita, provocada pelo ruído leva à liberação de substâncias – as endorfinas – que têm efeito anestésico e estimulante. A partir de 55 dB(A), há a liberação de noradrenalina, substância básica das anfetaminas, e a partir de 70 dB(A) ocorre o estímulo à produção de morfina endógena. Por isso, realmente existem os indivíduos ruído-dependentes, em virtude da liberação de substâncias psicotrópicas pelo próprio organismo como reação ao ruído.

Quando um som se torna ruído

Do exposto nas seções anteriores, pode-se propor uma classificação do nível de ruído em três categorias distintas, conforme seus efeitos:

danos à audição;

prejuízos à saúde;

perturbação.

Os danos à audição são causados por níveis de ruído em geral acima de 85 dB(A) e 90 dB(A) com exposição continuada (e não devem ser ultrapassados por mais de 8 e 4 horas por dia, respectivamente). Esses níveis são mais elevados do que aqueles característicos de vizinhanças de rodovias, pois a simples existência da faixa de domínio já é normalmente suficiente para atenuar o ruído de tráfego. Eventualmente são observados níveis sonoros dessa ordem de grandeza em vias urbanas de tráfego intenso. Trata-se, portanto, de problema a ser investigado com seriedade em relação aos trabalhadores das vias de tráfego, que estão normalmente sujeitos a esse nível de ruído, tais como operadores de praça de pedágio, policiais rodoviários e guardas de trânsito, atendentes de apoio a usuários e operários de manutenção das vias. Em raros casos de ocupação lindeira, particularmente em rodovias mais antigas com faixa de domínio mais restrita, existem receptores instalados a poucos metros da pista, sem que haja obstáculos que os protejam do ruído que estão, portanto, sujeitos a níveis sonoros dessa intensidade.

Há também as fábricas com alta emissão de ruído ou os locais de atividades recreativas, como boates e casas de espetáculo, que chegam a gerar níveis sonoros dessa ordem de grandeza, prejudicando a audição dos receptores.

Dada a gravidade dos casos nessas situações, é fundamental que sejam sempre tomadas medidas de controle imediatas.

Prejuízos à saúde são observados quando os níveis de ruído externo são superiores a cerca de 70 dB(A) no período diurno e 60 dB(A) no noturno. Essa classe de danos só se observa em exposições longas e continuadas. Logo, só se caracteriza o nível de impacto sonoro como passível de provocar danos à saúde se o receptor permanecer diariamente e por várias horas seguidas sujeito ao ruído. Nas vizinhanças de vias de tráfego intenso, indústrias e demais atividades ruidosas, dependendo das características dessas fontes e dos obstáculos naturais à propagação do som, é possível detectar níveis de ruído com potencial de acarretar danos à saúde até a distância de algumas centenas de metros da fonte.

A perturbação causada pelo ruído de menor intensidade, embora não possa ser caracterizada diretamente como prejudicial à saúde, também merece consideração visto ser de enorme abrangência. São basicamente efeitos de ordem psíquica, que, além de provocar irritação, dificultam a conversação normal, prejudicam o repouso e diminuem a capacidade de concentração, comprometendo a eficiência do trabalho intelectual e contribuindo para a formação de um quadro de estresse. Em geral, a determinação dos níveis de perturbação – ou de conforto acústico, como é normalmente denominada – é feita em função do ruído interno dos edifícios receptores, sendo considerada na normalização a finalidade desses locais (varia de 35 dB(A), por exemplo, para quartos de hospitais, até 65 dB(A), para ambientes de trabalho menos sensíveis).

Para que se garanta a qualidade absoluta do sono, o nível de ruído de fundo deve ser da ordem de 35 dB(A) e os picos sonoros nunca devem ultrapassar 10 dB(A) desse valor. Acordadas, as pessoas sentem os efeitos negativos do ruído a partir de 50 dB(A), sendo considerada como limiar do conforto auditivo a marca de 55 dB(A).

Assim, uma atividade ruidosa pode causar perturbação sonora em uma área mais extensa, como no caso do ruído de tráfego ou de alguma fonte fixa que sobrepuje os sons naturais. Embora nessa condição não esteja claramente definida a poluição sonora, pode-se caracterizar a existência de "ruído", pois há uma alteração na condição sonora que evidencia os sons mais "desagradáveis". A opção pelo seu controle justifica-se pela manutenção dos níveis de conforto acústico.

Já quanto ao ruído de intensidade intermediária é possível observar algum tipo de dano à saúde. Por esse motivo, considera-se caracterizada a poluição sonora, o que torna importante o controle do ruído a fim de garantir a saúde desses receptores, normalmente localizados nas áreas adjacentes à fonte sonora.

Finalmente, os casos mais graves, nos quais existe o risco de dano permanente à audição, estão restritos àqueles que trabalham nas vias de tráfego e alguns raros receptores localizados demasiadamente próximo às pistas ou a outras fontes de ruído intenso. Nesse caso, o problema já deixou de ser mera questão de poluição ambiental, devendo ser tratado como um aspecto de saúde pública. Naturalmente, há a situação dos operários de indústrias ruidosas e funcionários de casas de espetáculo, por exemplo, que podem eventualmente sofrer sérios danos à audição. No entanto, esses casos são específicos de saúde ocupacional, não sendo objeto deste livro, que trata de ruído ambiental.

Efeito do ruído nos ambientes naturais

Além dos efeitos sobre a saúde dos seres humanos, descritos nas seções anteriores, a poluição sonora também afeta outros animais por processos similares.

Sendo a poluição sonora um problema eminentemente urbano, dificilmente são atingidos os ambientes naturais, com exceção das áreas rurais ou naturais cortadas por rodovias (e ferrovias, em menor intensidade).

No meio urbano, os animais já estão adaptados ao ruído existente, como nas grandes cidades, onde as pombas e demais aves freqüentemente se afastam das praças e dos parques e vão buscar alimentos (ou mesmo construir seus ninhos) em prédios localizados nas avenidas com alto fluxo de veículos. No entanto, embora adaptados, também os animais domésticos sofrem os efeitos da poluição sonora, do mesmo modo que as pessoas e, eventualmente, em proporções bem mais sérias, em razão de sua maior capacidade auditiva. Pode-se, por exemplo, observar quanto sofrem os cães, na época de importantes jogos de futebol, com os rojões que fazem freqüentemente o mais valente dos caninos buscar desesperadamente um abrigo seguro aos pés de seu dono. Ou a famosa "musiquinha do gás", que provoca uma onda de lamentosos uivos conforme passa o caminhão. Esses são apenas alguns exemplos que demonstram que, embora a questão seja muito pouco estudada, os animais domésticos e outros "adaptados" ao meio urbano também sofrem os efeitos do ruído assim como o homem.

Em áreas rurais, particularmente em fazendas cortadas por rodovias de grande movimento, é comum observar a queda de produção de leite ou de ovos em virtude das perturbações provocadas pelo ruído nos animais.

Já nos ambientes naturais, não se observa um dano mais específico à saúde dos animais silvestres, mas sim o afastamento destes das áreas próximas às rodovias, o que diminui o território disponível para a busca de alimento, a nidificação e outras atividades. Segundo especialistas, o efeito ecológico da "evitação" de áreas em decorrência da perturbação causada pelo tráfego das rodovias talvez seja maior do que a mortalidade de animais por atropelamento nessas vias. Até a distância de 200 m das rodovias, há uma baixa densidade populacional de várias espécies de grandes mamíferos, e o ruído é considerado a principal causa dessa situação, contribuindo em muito menor intensidade os outros efeitos, como os distúrbios visuais, as alterações microclimáticas e a poluição atmosférica.

Diversos estudos realizados na Europa demonstraram o afastamento das aves das áreas próximas a rodovias. Nas áreas cobertas com gramíneas, a extensão do efeito é maior do que nas de mata, o que seria mesmo esperado, pois em campo aberto o som se propaga com mais facilidade, atingindo maiores distâncias ainda em alta intensidade. Também, por motivos óbvios, em rodovias onde é permitida velocidade mais elevada, as áreas atingidas são maiores.

Um aspecto interessante é a distinta sensibilidade ao ruído observada entre os pássaros naturais de áreas de gramíneas e as espécies florestais. Em florestas, com o nível de ruído acima de 42 dB(A) já se começa a observar um declínio da densidade populacional, enquanto as espécies das áreas de gramíneas começam a ser afugentadas somente quando o nível sonoro ultrapassa os 48 dB(A). Logo, considerando-se o ruído usual em uma rodovia e o decaimento sonoro com a distância, pode-se afirmar que as aves se afastam das áreas vizinhas a rodovias até uma distância de várias centenas de metros, dependendo das características do ambiente lindeiro e da intensidade de tráfego na via.

O afastamento dos animais se dá de forma gradativa – quanto mais próximo da rodovia, menor a densidade populacional, bem como o número de espécies, restando somente as menos sensíveis. Embora não haja dano físico a esses animais, pois eles se afastam do ruído, há um inegável prejuízo ecológico, pois uma área significativa do ambiente natural é subutilizada ou deixa de ser povoada pela fauna, e, no caso de áreas de preservação, o número de exemplares de uma mesma espécie pode vir a diminuir ou algumas espécies podem ter a sua presença inviabilizada.

Entre as diversas hipóteses levantadas sobre os efeitos do ruído nos animais, estão a perda de audição, o aumento da produção de hormônios causadores de estresse, dificuldades na comunicação, particularmente na defesa contra predadores e no acasalamento, além de eventual diminuição de alimentos disponíveis dentro da cadeia alimentar.

É importante ressaltar, no entanto, que o problema de ruído em ambientes naturais deve ser sempre tratado em função do ruído médio, ou do L_{eq}, assim como na avaliação de uma área urbana. Os picos sonoros existentes em uma rodovia, como, por exemplo, um estouro de escapamento, ou mesmo a passagem de um único veículo mais ruidoso, pode, eventualmente, assustar alguns animais, assim como ocorre naturalmente, por exemplo, com o ruído de um trovão, que provoca uma revoada de pássaros, os quais, logo em seguida, voltam para onde estavam uma vez que se certifiquem de que não há perigo iminente.

No entanto, muitas outras hipóteses podem ser levantadas, gerando inúmeras nuances na análise dessa questão. Ao contrário do efeito do ruído em áreas de ocupação humana, não se está, nesse caso, tratando de uma única espécie. Cada espécie, de cada grupo animal, reage aos ruídos e às vibrações de modo totalmente distinto. O nível sonoro que afugenta determinada espécie não perturba em nada outras tantas. Com isso, o afugentamento da fauna não se dá de forma homogênea e proporcional, podendo vir a causar um desequilíbrio na frágil relação ecológica presente em um ambiente natural, cujos efeitos são impossíveis de prever.

No caso de ocorrer o afugentamento da fauna de áreas próximas à fonte sonora emissora de ruído, esses animais vão buscar outras áreas que, por sua vez, já se encontravam ocupadas por outras espécies em perfeito equilíbrio ecológico. Com a chegada dos novos "moradores", surge também a possibilidade de rompimento do equilíbrio. Portanto, em princípio, qualquer alteração sensível no nível de ruído, em valores distintos dos usuais no ambiente natural, distante das atividades humanas, tem o potencial de constituir impacto ambiental.

O maior problema nesse critério é que o ambiente natural não é homogêneo, nem o seu nível de ruído, que varia conforme o local, o horário, a atividade de diferentes espécies, a presença de vento, etc.

Existem, ainda, algumas considerações a respeito dos parâmetros de medição. Em avaliações acústicas feitas em uma cidade, por exemplo, o ruído de fundo ali presente é característico das atividades antrópicas

Fundamentos de acústica ambiental

(motores de combustão interna, etc.). Já na mata, o ruído de fundo é normalmente de muito menor intensidade, e os sons apresentam outras características.

Assim, mesmo em um ambiente natural distante da atividade humana, onde o nível de ruído dela proveniente está bastante atenuado, podem-se distinguir os sons dessa fonte, que vão constituir o ruído de fundo do local. O ser humano pode reconhecer a origem daquele som distante e constatar que há uma alteração acústica na mata. Os animais, no entanto, desconhecem a origem desse som e podem reagir de modo totalmente distinto. Se o ruído for realmente de pequena intensidade, muito menor que os sons naturais da mata, eles provavelmente não tomarão conhecimento dele, continuando com suas atividades normais. Já, se o ruído de fundo – da atividade antrópica – for um pouco mais intenso, aproximando-se do nível de ruído característico – natural – da área, além de ser contínuo, poderá prejudicar tanto a comunicação entre os animais de mesma espécie como o sentido de alerta contra predadores.

LEGISLAÇÃO E NORMALIZAÇÃO

Culturalmente, o ruído sempre foi considerado como um indicativo de progresso, de modernidade. Habitantes das grandes cidades, "viciados" na agitação urbana, muitas vezes comentam que, nas suas férias, foram para uma pequena cidade tão silenciosa que nem dava para dormir à noite. Essa confusão conceitual entre poluição sonora e progresso remonta ao princípio da Revolução Industrial, quando surgiram as primeiras máquinas a vapor, extremamente ruidosas, que simbolizavam a nova era que se iniciava. Até então, o ruído existente não passava de sons de animais e, eventualmente, música e gritarias em certos ambientes. E, embora pudessem causar incômodo, sua intensidade não era suficiente para trazer maiores danos à saúde.

Mas, ao mesmo tempo que os entusiastas da nova tecnologia entendiam o ruído como uma demonstração de avanço tecnológico, grande parte da população se assustava com essas máquinas de aspecto e som "diabólicos", o que causou grandes dificuldades à sua utilização ampla. Quando se aventou a possibilidade de utilizá-las em estradas de ferro, muitos se opuseram, por temer que o seu ruído pudesse vir a enlouquecer as pessoas. Ao se construir a primeira estrada de ferro, na Inglaterra, esta teve de ser totalmente ladeada por altos muros, para atenuar parte do ruído, além de esconder a "temível" e flamejante máquina.

Como se viu, tão logo teve início a poluição sonora, nos primórdios da Revolução Industrial, também surgiram a preocupação com os seus efeitos e providências para limitá-la.

Atualmente, com o avanço da "cultura do meio ambiente", essa antiga tendência de relacionar o moderno com o ruidoso vem perdendo lugar, com uma nítida valorização de equipamentos e veículos mais silenciosos, e, naturalmente, de ambientes que apresentem condições acústicas apropriadas.

Para tal, faz-se necessário o estabelecimento de uma série de normas e requisitos legais, que regulamentem e padronizem metodologias de avaliação, bem como fixem limites para a emissão de ruídos. O objetivo dessas leis não deve ser a simples proibição de emissão de ruído, pois, sem dúvida, ela é inerente à atividade humana atual. Se, para produzir, uma indústria necessita de equipamentos ruidosos, ela tem o direito de utilizá-los. Da mesma forma, as pessoas têm o direito de circular em seus automóveis ou de divertir-se dançando em uma casa noturna.

No entanto, existe também o direito à saúde, ao bem-estar, enfim, o direito de viver em sua própria casa em condições adequadas. Cabe, assim, à legislação e aos responsáveis por sua aplicação, buscar meios de conciliar todos esses direitos, permitindo a produção industrial, o tráfego de veículos ou a diversão noturna, sem que a população em geral tenha de abrir mão do direito a dormir bem e ter sua saúde preservada.

O Brasil possui legislação específica para poluição sonora, no entanto, ela apresenta algumas falhas e aspectos não contemplados. Para que a legislação vigente possa ser mais bem compreendida em seus aspectos técnicos, o melhor é apresentá-la em ordem cronológica. Por ser o objeto deste livro, serão abordadas aqui somente a legislação e a normalização aplicáveis à acústica ambiental – ambientes externos.

Legislação e normalização

Em 1980 foi publicada a Resolução nº 92, do Ministério do Interior, que dispunha "sobre a emissão de sons e ruídos em decorrência de quaisquer atividades industriais, comerciais, sociais ou recreativas". Essa resolução, simples e objetiva, indicava as condições gerais de medição do ruído, citando as normas da Associação Brasileira de Normas Técnicas (ABNT) correspondentes; determinava que o nível máximo de emissão de ruído por veículos automotores e em ambientes de trabalho fosse especificado, respectivamente, pelo Conselho Nacional de Trânsito (Contran) e pelo Ministério do Trabalho; obrigava ao atendimento, na construção de qualquer edificação, em relação aos seus ambientes internos, dos limites de ruído especificados pela norma ABNT NB-95 (que depois veio a ser sucedida pela NBR 10.152); além de fixar os padrões de máximo ruído externo.

A Resolução nº 92/1980 determinava que qualquer fonte de emissão sonora não deveria ultrapassar, no ambiente externo, o nível máximo de 10 dB(A) acima do ruído de fundo preexistente no local, que é um parâmetro bastante conveniente para avaliar o grau de incômodo de um ruído. A resolução também estabelecia que, independentemente do ruído de fundo, deveriam ser respeitados os limites máximos de 70 dB(A) no período diurno e 60 dB(A) no noturno, que são os níveis a partir dos quais já se evidenciam danos à saúde.

Atualmente, muitos criticam essa resolução, por ser extremamente tolerante ao fixar como padrão o máximo limite aceitável, motivo que levou à sua revogação dez anos após sua publicação. Por outro lado, ao estipular limites mais tolerantes, tornava perfeitamente viável a sua aplicação, uma vez que facilitava a cobrança de seu pleno atendimento pelos agentes fiscalizadores.

Em 8 de março de 1990 foi publicada a Resolução nº 1, do Conselho Nacional de Meio Ambiente (Conama), que, em linhas gerais, mantinha os principais pontos da Resolução nº 92/1980 quanto ao ruído de veículos, ambientes internos e locais de trabalho, mas criava novos padrões de ruído ambiental, determinando que fossem respeitados aqueles fixados na norma NBR 10.151, da ABNT.

A NBR 10.151, na sua edição de 1987 (a vigente por ocasião da publicação da Resolução nº 1/1990), fixa os padrões de ruído, conforme o tipo de ocupação do local, apresentados na tabela a seguir.

Tabela 1. Padrões máximos de ruído externo conforme
NBR 10.151 na edição de 1987

Tipo de zona	Nível máximo de ruído – L_{eq} em dB(A)	
	Diurno	Noturno
Área de hospitais	45	40
Área residencial urbana	55	50
Centro da cidade	65	60
Área predominantemente industrial	70	65

A NBR 10.151/1987 determina, ainda, critérios distintos para avaliação de fontes de ruído monotonais, intermitentes ou de impacto, com a aplicação de fatores de correção. Estabelece também o procedimento de medição do ruído, mencionando que o microfone do medidor de nível sonoro deve ser posicionado a 1,2 m do solo e no mínimo a 1,5 m (valor que passou a 2,0 m na edição de 2000 dessa norma) de paredes e outras superfícies refletoras do som, além de recomendar cuidados como evitar medições em momentos de ventos ou chuvas, cujo ruído pode interferir nos resultados.

Para a avaliação do efeito do ruído na prática, a mesma norma apresentava uma tabela, reproduzida a seguir, na qual consta o grau de reação da comunidade quando exposta a diferentes níveis de ruído. É um interessante instrumento de análise de impactos ambientais, sendo

Legislação e normalização

que em diversas oportunidades foi possível verificar que, em linhas gerais, os efeitos descritos na norma ocorrem na prática.

Tabela 2. Resposta estimada da comunidade ao ruído, conforme NBR 10.151/1987

Valor em dB(A) pelo qual o nível sonoro ultrapassa o nível-critério	Resposta estimada da comunidade	
	Categoria	Descrição
0	Nenhuma	Não se observam queixas
5	Pouca	Queixas esporádicas
10	Média	Queixas generalizadas
15	Enérgicas	Ação comunitária
20	Muito enérgicas	Ação comunitária vigorosa

Em 2000 foi publicada uma revisão da NBR 10.151, bem mais simples e resumida (a versão anterior era de difícil interpretação), que apresentava uma nova tabela de limites de ruído externo, reproduzida a seguir.

Tabela 3. Padrões máximos de ruído externo conforme NBR 10.151 na edição de 2000

Tipo de zona	Nível máximo de ruído – L_{eq} em dB(A)	
	Diurno	Noturno
Áreas de sítios e fazendas	40	35
Área estritamente residencial urbana ou de hospitais ou de escolas	50	45
Área mista, predominantemente residencial	55	50
Área mista, com vocação comercial e administrativa	60	55
Área mista, com vocação recreacional	65	55
Área predominantemente industrial	70	60

Observação: Caso o nível de ruído preexistente no local seja superior aos relacionados nesta tabela, então este será o limite.

Fundamentos de acústica ambiental

Como se vê, na versão de 2000, a NBR 10.151 apresenta uma classificação de zonas mais detalhada, incluindo a área rural, anteriormente omitida. Com exceção da zona de hospitais, cujos limites anteriores – inviáveis, na prática – foram aumentados, observa-se uma diminuição geral dos padrões anteriormente vigentes. E justamente nesse aspecto é que se dá início a uma confusão de ordem técnica e jurídica.

A Resolução nº 1/1990, que determina a aplicação da NBR 10.151, não utiliza o chavão "ou aquelas que a sucederem". Como a norma de 1990, obviamente, é a versão de 1987, pode-se interpretar que a revisão de 2000 não tem força legal, continuando válida a edição anterior. Contra essa tese, muitos alegam que a norma continua sendo a NBR 10.151, como citada na resolução, que também não menciona que deve ser seguida a versão de 1987.

Por outro lado, a frase "ou aquelas que a sucederem", comumente utilizada em uma lei que cita uma norma técnica, é aplicável e necessária quando a norma trata apenas de procedimentos de ensaios ou especificações técnicas de montagens ou materiais que sofrem evolução tecnológica. No caso que estamos discutindo, a norma, além do procedimento de ensaio, fixa padrões que, ao serem referidos na resolução, passam a ter força de lei. Se, quando da revisão da norma técnica, são criados novos padrões, que automaticamente passam a ter valor legal, na realidade, o comitê técnico da ABNT está atuando como agente legislador, o que não corresponde à sua competência legal, por mais qualificado que seja. Como se pode ver, há tema para intermináveis discussões jurídicas. Na prática, os órgãos ambientais estão exigindo os padrões da versão 2000, enquanto alguns empreendedores tentam contestar, pelos motivos expostos, pleiteando a aplicação da versão de 1987.

Quando a fonte poluidora é uma via de tráfego, a falha legal se torna ainda mais evidente. As Resoluções nºs 92/1980 e 01/1990 são idênticas no seu primeiro artigo – mencionam que "a emissão de ruídos, em decorrência de quaisquer atividades industriais, comerciais, sociais ou recreativas, até mesmo as de propaganda política, obedecerá, no interesse da saúde, do sossego público, aos padrões, critérios e diretrizes estabelecidos nesta Resolução". Ou seja, não cita, especificamente, fontes móveis. No entanto, uma rodovia ou ferrovia pode ser considerada uma atividade social ou mesmo comercial, no caso de uma rodovia pedagiada ou uma ferrovia. Logo, a lei se aplicaria também às vias de tráfego. Há, ainda, mais um aspecto a considerar: não são a rodovia ou a avenida que produzem o ruído, mas os veículos que nela trafegam. Por outro lado, a avenida ou a rodovia são o agente indutor do tráfego, pois, sem elas, os veículos não trafegariam naquele local, o que as caracteriza como fonte de ruído, mesmo que indireta. Como novamente se vê, há mais pontos para discussões jurídicas.

Existem padrões, definidos por Resoluções Conama, que determinam os níveis máximos de emissão de ruído para veículos novos, conforme ensaios específicos. São limites que devem ser obedecidos pelos fabricantes de veículos e – embora ainda falte regulamentar e pôr em prática a inspeção de veículos em uso – mantidos pelos seus proprietários. No entanto, mesmo respeitando os limites individuais de emissão sonora de cada veículo, ao se concentrarem milhares de veículos por hora em uma única via de tráfego, o ruído resultante é bastante elevado, freqüentemente ultrapassando não somente os padrões da NBR 10.151, como também os níveis recomendáveis para a preservação da saúde. Logo, independentemente dos limites legais estabelecidos para os veículos individualmente, a via de tráfego intenso deve ser objeto de regulamentação específica.

Com o intuito de resolver esse impasse e possibilitar ao órgão fiscalizador a cobrança de algo que o empreendedor possa cumprir, sabendo de antemão quais são as exigências, foi criado um grupo de trabalho em 2001, organizado na Secretaria de Meio Ambiente do Estado de São Paulo, do qual participaram representantes dos órgãos públicos de meio ambiente, dos usuários das rodovias, do setor de transportes, das concessionárias de rodovias, das universidades e especialistas no tema. Infelizmente, até o momento, todas as idéias e discussões não resultaram em uma resolução legal.

Dentro da lógica da legislação vigente, considerando que as vias de tráfego são agentes de poluição sonora, por criarem condições ao tráfego de veículos, a forma viável de se atender aos padrões legais seria conforme descrito a seguir.

Na construção de novas rodovias ou ferrovias próximas de áreas ocupadas, o seu projeto deve ser feito de forma a garantir o atendimento dos padrões da NBR 10.151, de acordo com cada classificação de zona de ocupação, pois se trata de uma nova fonte de ruído que vai se instalar em áreas, muitas vezes, com baixo nível de ruído de fundo. Obviamente, não faz sentido investir em tratamentos acústicos em áreas onde inexistem receptores do ruído.

Quanto às vias já existentes, continua válida a NBR 10.151, porém, para classificar o tipo de ocupação da área, não se pode mais utilizar o critério de zonas exclusivamente residenciais ou de hospitais, etc. Na prática, a rodovia em funcionamento é, sem dúvida alguma, um tipo de ocupação plenamente consolidado e marcante, que pode ser classificado como uma zona mista, com vocação comercial, sendo válidos os limites correspondentes a esta.

Restam, no entanto, duas importantes pendências. A primeira diz respeito à área rural. Se considerarmos que qualquer rodovia com tráfego relativamente limitado emite níveis de ruído superiores a 35 dB(A) e que é inviável aplicar medidas de controle acústico em tão extensas áreas de modo eficiente, a única alternativa seria estender a faixa de domínio das rodovias até a distância necessária para atenuar o ruído de acordo com os limites legais. Essa medida demandaria faixas de desapropriação de alguns quilômetros de largura, o que, mesmo se houvessem recursos financeiros, constituiria, por si só, um impacto social altamente negativo. Logo, se fosse exigido o atendimento pleno da legislação vigente para ruídos, a construção de novas rodovias se tornaria totalmente inviável.

A outra pendência diz respeito ao padrão adotado para zonas industriais. Embora menos restritivo, em muitas rodovias de alto fluxo de veículos pesados seria necessária a implantação de medidas de controle acústico. Surge então a questão de ordem prática. Até que ponto é conveniente gastar recursos significativos no controle de ruído de tráfego em uma zona industrial? Esses recursos não seriam mais bem aplicados no controle de ruído em áreas onde existam receptores mais sensíveis, ou mesmo em outras obras de interesse social?

É importante ressaltar, ainda, que o atendimento a esses limites é tecnicamente recomendável, mas a responsabilidade pelo ônus do investimento necessário é outro motivo para mais uma interminável discussão. Se a área está ocupada e é implantada uma rodovia no local, há um razoável consenso de que a responsabilidade é do empreendedor rodoviário. No entanto, se a estrada estava ali construída, com veículos trafegando e emitindo ruído, e se instalam moradores nas suas vizinhanças, atraídos seja pelo custo mais baixo do terreno, seja pela facilidade de acesso, então, nesse caso, quem seria responsável pelo controle? O administrador da rodovia, que já emitia ruído, mas não teve de implantar nenhuma medida de controle anterior pela inexistência de receptores? Ou os construtores dos novos edifícios, que deveriam ter respeitado as normas vigentes ao construir em uma área ruidosa? Ou a municipalidade, que deveria ter legislado devidamente sobre o uso das áreas lindeiras às vias de tráfego intenso, limitando a sua ocupação a receptores menos sensíveis ao ruído? Para cada uma dessas questões – e muitas outras que surgem freqüentemente – existem distintas respostas e interpretações.

Finalmente, nem sempre é tecnicamente possível lograr o controle acústico em rodovias nos padrões especificados pela NBR 10.151 (nesse sentido, a Resolução nº 92/1980 era bem mais realista), o que torna a Resolução nº 1/1990 mais uma das famosas leis que são atendidas apenas parcialmente, levando a julgamentos e decisões subjetivas e/ou arbitrárias.

Daí a importância e a urgência da elaboração e da implantação de uma adequada regulamentação de acústica rodoviária.

RUÍDO DOS VEÍCULOS AUTOMOTORES

Fontes sonoras

Um veículo automotor é uma fonte sonora extremamente complexa, tendo o seu ruído distintas origens.

Pensemos inicialmente no seu meio propulsor, o motor. Este não representa uma fonte única de ruído, pois cada um de seus componentes emite sons de intensidades, freqüências e periodicidades diferentes. Levando em conta o princípio de funcionamento do motor, a primeira fonte seria a entrada de ar, que produz o ruído da aspiração de ar, bastante atenuado pelo filtro (experimente colocar o motor em funcionamento sem o filtro de ar, e verificará o alto nível de ruído emitido). Outra fonte importante são os injetores de combustível, que emitem o ruído de alta freqüência de "batidas" metálicas, proporcional à rotação do motor, decorrente do abrir e fechar dos injetores. Em seguida há o som "surdo" da explosão do combustível, que, embora ocorra no interior da câmara de combustão, provoca vibrações em toda a sua estrutura. Ao ruído das válvulas e seus respectivos comandos soma-se o som de toda a parte mecânica, proveniente do movimento de cilindros, bielas e virabrequim. Além disso tudo, há o ruído de diversos acessórios, como correias e polias, ventoinhas, bombas de combustível, entre outros componentes que dão a sua contribuição a essa complexa cacofonia mecânica que é o motor de combustão interna. É importante observar que o ruído do motor não é diretamente proporcional à velocidade do veículo, mas sim à rotação do motor (rpm), podendo alcançar alta intensidade mesmo em baixas velocidades ou mesmo parado, ao iniciar uma aceleração.

O sistema de transmissão, composto de caixa de câmbio, eixo propulsor e diferencial, também constitui considerável fonte sonora do veículo, cujo ruído, proporcional à velocidade do veículo, é decorrente do complexo conjunto de engrenagens.

Com o veículo em movimento, surge o ruído provocado pelos pneumáticos. A sua origem é o constante golpear da superfície destes com a rugosidade da pista. As pequenas saliências do piso agem como obstáculos à rolagem do pneumático, e, à medida que o veículo se move, a superfície dos pneumáticos se choca com essas saliências, produzindo vibração. Como esses choques ocorrem a curtíssimos intervalos de tempo, visto que a distância entre as saliências é mínima, a freqüência do ruído resultante é alta, da ordem de 500 Hz a 1.000 Hz, dependendo da velocidade do veículo. Quanto maior a velocidade, maior a freqüência.

Há também o ruído aerodinâmico do veículo, que ocorre em menor grau e é gerado pelo deslocamento de ar na banda de rodagem, o qual sofre compressão e descompressão cíclicas, inerentes ao desenho da banda de rodagem. Esse ruído é perceptível principalmente a partir de velocidades mais altas, causado pelo deslocamento do ar em torno da carroceria, que provoca "assovios" característicos.

Os gases expelidos pelo tubo de escapamento, embora passem por um conjunto de dispositivos silenciadores e abafadores, ainda constituem uma das principais fontes sonoras do veículo, e, assim como o motor, seu ruído é diretamente proporcional à rotação deste, e não à velocidade do veículo.

Assim, quando um veículo circula em uma via de tráfego em baixa velocidade, os ruídos de motor e escapamento são predominantes, particularmente nos momentos de aceleração. No entanto, o ruído de pneus cresce rapidamente com o aumento da velocidade, e, a partir de 60 km/h, passa a ser predominante, pois o ruído do motor e do escapamento não aumentam na mesma proporção. Em conseqüência das leis que impõem limites à emissão de ruído para os veículos automotores, os fabricantes estão sendo obrigados a projetar motores e sistemas de escapamento cada vez menos ruidosos, pois, nos ensaios normalizados de emissão de ruído, essas são as fontes sonoras de maior contribuição no resultado final. Com o aperfeiçoamento desses equipamentos, o ruído de pneus se torna mais evidente, predominando praticamente em qualquer velocidade constante para veículos leves (o ruído do motor e do escapamento só predomina durante as acelerações) e a partir de 50 km/h para caminhões.

Por fim, temos de mencionar os ruídos gerados por outros dispositivos que não dizem respeito diretamente ao movimento do veículo, que são os freios e a buzina.

A buzina é projetada para emitir um alto nível sonoro, pois se trata de dispositivo de segurança, devendo ter o potencial de chamar a atenção do motorista em uma situação potencialmente perigosa. No entanto, principalmente em vias urbanas, é muito mal utilizada, e com abuso, sendo empregada como meio de protesto ou até mesmo como campainha por aqueles que têm preguiça de descer do carro para chamar uma pessoa. Ao invés de ser acionada com um toque breve – como determina o Código Nacional de Trânsito –, é freqüentemente utilizada de forma contínua, mais como meio de ofensa do que de advertência.

Já os freios, salvo em caso de frenagens emergenciais, não constituem fonte significativa de ruído nos automóveis. No entanto, nos veículos pesados, particularmente nos ônibus urbanos, é comum, em virtude de desgaste irregular dos tambores, a emissão de guinchos estridentes e irritantes a cada parada do veículo.

Traçado da via

Uma via de tráfego, dada sua finalidade primária de promover o fluxo de veículos, constitui o meio de acesso às residências e aos demais pontos receptores do ruído. Há, portanto, uma questão, da tendência de ocupação justamente na área onde se dará a emissão sonora.

Para contornar esse problema, a primeira preocupação do poder público quanto ao controle do ruído rodoviário é com o planejamento urbano e rodoviário, por isso se tem privilegiado projetos que não permitam a emissão de altos níveis de ruído próximo às áreas ocupadas por receptores mais sensíveis.

Uma área urbana bem planejada é constituída de avenidas principais, que concentram o tráfego entre regiões distintas e passam por áreas onde não há ocupação residencial, apenas atividades comerciais e industriais. Distantes desses corredores principais, os bairros residenciais devem ter acessos únicos, por vias secundárias, onde só trafeguem os veículos que se destinem a esses bairros. Formando-se esses "bolsões residenciais", evita-se o tráfego de passagem por áreas de moradia, o que diminui sensivelmente os inconvenientes do ruído de tráfego.

As vias de tráfego principais, assim como as rodovias, devem ter o seu traçado, como já mencionado, devidamente distanciado dos locais com receptores residenciais, além de escolas, hospitais e outros tipos de ocupação sensíveis ao ruído. Não sendo possível esse distanciamento, o problema pode ser atenuado aproveitando-se características da via com potencial de reduzir significativamente o nível de ruído gerado.

Uma via expressa, onde de fato se consiga manter um fluxo contínuo, em velocidade constante, evitando as acelerações, sempre apresenta um nível de ruído inferior, desde que se cumpram alguns requisitos básicos. Primeiramente, embora expressa, a via não deve ser de alta velocidade, o que será detalhado adiante. Devem ser evitados cruzamentos e travessias de pedestres em nível, causa das constantes paradas dos veículos, que, quando voltam a acelerar, geram um alto nível de ruído.

O tipo de pavimento utilizado também apresenta grande influência no nível do ruído de tráfego resultante, como será demonstrado adiante.

A declividade deve ser limitada, evitando-se rampas acentuadas, que obrigam os veículos – particularmente os ônibus e caminhões – a manter marchas reduzidas, aumentando sobremaneira o ruído do motor e do escapamento. As curvas acentuadas também geram ruído, pois, ao exigir uma desaceleração dos veículos no início, obrigam a uma nova aceleração no final.

O disseminado uso de lombadas, sonorizadores e obstáculos também representa um importante fator de alteração do ruído resultante. Os veículos, ao passarem sobre os obstáculos – principalmente os caminhões –, emitem ruído, decorrente desse movimento, de rodas, suspensão, deslocamento de carroceria e, eventualmente, movimentação da carga se esta não estiver bem fixada. Além disso, passado o obstáculo, há uma aceleração dos veículos, o que torna o ruído mais intenso. Por outro lado, esses dispositivos controladores de tráfego obrigam à redução da velocidade média dos veículos, além de eventualmente induzir à busca de outras alternativas viárias, principalmente pelos veículos pesados, fatores que diminuem o nível de ruído.

Diversos estudos internacionais foram realizados para avaliar os efeitos dos dispositivos controladores de tráfego na emissão de ruído, mas, devido aos seus efeitos antagônicos, não há um consenso nas suas conclusões. Em locais onde se observou uma diminuição do fluxo de veículos – pela utilização de rotas alternativas – e onde o espaçamento entre os dispositivos não incentivava a constante reaceleração dos veículos – mantendo-se as velocidades baixas e constantes –, foi observada a redução do nível de ruído, em alguns casos bastante significativa. O tipo de dispositivo também influi no resultado das pesquisas. Os sonorizadores, em sua totalidade, provocam um aumento no nível de ruído de até 6 dB(A), sendo considerados acusticamente inaceitáveis na maioria dos estudos realizados. Já com o uso de "almofadas" e lombadas, verificou-se, na maior parte dos estudos, a redução do nível de ruído global, embora também se tenha observado um caso de aumento do nível de ruído noturno.

Como todos os estudos foram realizados no exterior, e não são plenamente conclusivos, torna-se necessária a realização de pesquisas com base na realidade brasileira, considerando as nossas vias, as especificações de dispositivos e os hábitos dos motoristas no país. A principal observação a ser feita com relação ao uso dos dispositivos controladores de tráfego é que sua implantação tem de ser bem avaliada, de acordo com o caso específico, e, quando não houver evidência da necessidade de redução do fluxo total de veículos, deverá ser dada preferência a dispositivos eletrônicos – radares – para controle de velocidade.

Finalmente, ao se determinar o traçado de uma via de alto fluxo de veículos, deve-se sempre optar pelo isolamento da área residencial, seja ocultando-a por taludes de corte ou aterro, seja por elevações naturais do terreno, seja pela presença de obstáculos "artificiais" à propagação do som, que podem ser projetados especificamente para essa finalidade (barreiras acústicas) ou não (edifícios de grande porte, por exemplo).

Pavimento

Na composição do ruído de tráfego, particularmente o rodoviário, o som gerado pelo atrito pneu–pavimento representa uma parcela significativa. E, com o avanço da tecnologia de controle de ruído de motor e escapamento, torna-se cada dia mais evidente a influência do ruído relacionado com diferentes tipos de pavimento.

Levando em conta a idéia de tratar a fonte poluidora antes de buscar a atenuação do dano ambiental, uma correta especificação de pavimento se apresenta como uma alternativa interessante, que, se não pode operar "milagres", tem o potencial de amenizar significativamente o ruído de tráfego, muitas vezes dispensando medidas de controle mais severas.

Como já visto anteriormente, o ruído gerado pelo atrito entre pneus e pavimento ocorre, predominantemente, por golpes do pneumático nas rugosidades do piso. Quanto menor a rugosidade do pavimento, menos golpes ocorrem, e menor é a vibração, portanto menor é o nível de ruído e a sua freqüência. Dessa forma, um pavimento asfáltico velho, cuja camada de betume já se decompôs, deixando exposta uma grande parte de pedra britada, que apresenta alta rugosidade, gera maior nível de ruído. Também um pavimento de concreto, cuja superfície geralmente é mais rugosa que a do asfalto novo, costuma acarretar maior nível de ruído de tráfego. No entanto, como a durabilidade do concreto é maior, a longo prazo este pode se apresentar em situação mais favorável do que um pavimento asfáltico com o mesmo tempo de uso.

Os pavimentos asfálticos de baixa rugosidade, embora apresentem um bom desempenho acústico, mantendo o nível de ruído de tráfego reduzido, apresentam o inconveniente de prejudicar as condições de segurança viária, pois a aderência dos pneus ao piso se torna bem menos eficiente. Por esse motivo, a American Association of State Highway and Trasportation Officials (AASHTO) não recomenda a utilização desse tipo de pavimento, alegando que ele só produz resultado por pouco tempo, pois, com a sua deterioração, passa a ter o comportamento de um asfalto convencional, e o projetista rodoviário não deve jamais menosprezar as condições de segurança para obter redução do ruído.[3]

Das pesquisas com tipos de pavimento especiais para controle acústico, ultimamente têm avançado muito aquelas com pavimento poroso. Trata-se de pavimento asfáltico não totalmente preenchido pelo betume e sem as pedras de menor granulometria, resultando em uma superfície repleta de orifícios irregulares. A mistura asfáltica deve ser aditivada com polímeros sintéticos, para garantir a boa resistência mecânica do pavimento, visto que esta não será garantida pelo completo preenchimento do piso. É importante ressaltar que a superfície do pavimento é porosa, mas não rugosa, ou seja, não se apresentam pontos elevados em relação ao alinhamento do piso, apenas orifícios.

No pavimento poroso, por não ser rugoso, as vibrações provocadas no pneumático são semelhantes às observadas em um pavimento asfáltico convencional liso. Além disso, a porosidade do pavimento o torna absorvente sonoro, reduzindo assim os ruídos de atrito e aerodinâmicos dos pneus. Paralelamente, a estrutura aberta do pavimento reduz a compressão e a expansão do ar na banda de rodagem dos pneus, diminuindo o ruído gerado. Não somente o ruído de pneus, mas também parte do ruído gerado pela parte inferior do veículo – tais como cárter, eixo cardã, diferencial e câmbio – são absorvidos pela superfície porosa, contribuindo ainda mais para a redução do ruído final resultante.

Fora do campo acústico, a grande vantagem do pavimento poroso está justamente em melhorar as condições de segurança viária, pois aumenta a aderência dos pneus ao piso, particularmente em condições de chuva, pois os poros têm o importante papel de promover uma rápida e eficiente drenagem da pista.

---

[3] American Association of State Highway and Transportation Officials (AASHTO), *Guide on Evaluation and Abatement of Traffic Noise* (Washington D.C.: AASHTO, 1993).

Como já foi mencionado, as variações nas características de porosidade e rugosidade do pavimento interferem no ruído de tráfego resultante. Diversas fontes bibliográficas apresentam a ordem de grandeza das variações de nível sonoro em função do tipo de piso e da velocidade do veículo, com conclusões relativamente coerentes, comparando, por esses parâmetros, as variações do nível de ruído de um veículo que trafega em uma via com pavimento especial com as de um veículo numa via com asfalto convencional, como pode ser observado na tabela, a seguir.

Tabela 4. Variação do nível de ruído em vias com pavimento especial em relação à variação nas vias com asfalto convencional – em dB(A)

	Automóveis			Caminhões	
	80 km/h	100 km/h	130 km/h	60 km/h	80 km/h
Concreto	+1,5	+2,0	+2,5	+2,0	+2,5
Asfalto poroso	-2,0	-2,5	-3,0	-2,5	-3,0

Fonte: Central European Environmental Data Request Facility (Cedar), *Austria's National Environmental Plan*, Viena, 1997, disponível em http://www.cedar.at/data/nup/nup-english.

Já outras fontes consultadas apresentam a variação dos níveis de ruído resultante para o tráfego total, sem relacioná-la com a velocidade média. Segundo a European Commission o pavimento poroso, ao reduzir a propagação e a geração do ruído, reduz o nível sonoro do tráfego de 3 dB(A) a 5 dB(A).[4] A Welsh Office menciona que o pavimento poroso reduz o ruído de tráfego em 3,5 dB(A), em qualquer velocidade rodoviária.[5] G. J. Blockland, por sua vez, demonstrou em

---

[4] European Comission, *Future Noise Policy*, (Bruxelas: European Comission, 1996).

[5] Department of Transport, Welsh Office, *Calculation of Road Traffic Noise*, (Londres: HMSO, 1988).

um estudo a redução no nível de ruído de 4 dB(A) a 6 dB(A), conforme a granulometria da pedra de enchimento do asfalto utilizada e a velocidade de tráfego.[6]

V. Bellia argumenta que o asfalto liso, com textura fechada e baixa rugosidade, pode reduzir o ruído de tráfego na ordem de 5 dB(A) em relação ao pavimento asfáltico convencional.[7] Nesse caso, vale lembrar a observação já feita sobre a questão da segurança e da durabilidade desse tipo de pavimento. O mesmo autor afirma que um asfalto rugoso, com porosidade acentuada (> 12 mm), acarreta o aumento do ruído de tráfego de 5 dB(A).

Muito comum nas cidades litorâneas, a pavimentação feita com blocos poliédricos de concreto, assim como os antigos paralelepípedos de pedra, causa um significativo aumento do nível de ruído de tráfego em vias urbanas, que pode ser de 3 dB(A) a 5 dB(A) em relação ao pavimento asfáltico convencional.[8]

Condensando os dados citados, podem-se obter as variações do nível de ruído de tráfego em relação ao pavimento asfáltico convencional conforme exposto na tabela a seguir. Deduz-se desses dados que, entre um pavimento asfáltico deteriorado e um piso especialmente projetado para baixa emissão de ruído, é possível chegar a reduções do ruído de tráfego da ordem de 10 dB(A).

---

[6] G. J. Blockland, *Tyre/Road Noise Generation and Porous Surfaces*, M+P Consulting Engineers, 1999, disponível em http://www.xs4all.nl/~rigolett/ENGELS/zoab/zoabfr.htm.

[7] V. Bellia, "Conservação rodoviária e meio ambiente", em *Anais do Seminário Provial Região Sul-Sudeste*, IRF/World Bank/DER, São Paulo, 1993.

[8] H. M. Barbosa & P. V. Gonçalves de Souza, "O efeito de medidas de *traffic calming* no ruído em áreas urbanas", em *Anais do I Congresso Ibero-americano de Acústica/XVIII Encontro da Sociedade Brasileira de Acústica (Sobrac)*, Federação Ibero-americana de Acústica (FIA)/Sobrac, Florianópolis, 1998.

Tabela 5. Variações de nível de ruído para diversos tipos de pavimento comparativamente ao pavimento asfáltico convencional em bom estado

Concreto	Asfalto deteriorado, blocos poliédricos ou paralelepípedos	Asfalto de baixa rugosidade	Asfalto poroso
até +2,5 dB(A)	até +5 dB(A)	até -5 dB(A)	de -3 dB(A) a -6 dB(A)

Para verificar o significado prático, na vizinhança de uma rodovia, dessa variação no ruído de tráfego em virtude do tipo de pavimento, foi calculada a área lindeira à rodovia sujeita ao impacto sonoro, ou seja, a distância necessária para um decaimento do nível de ruído até o valor de 60 dB(A).

Para tal, considerou-se um fluxo de 4 mil veículos por hora, com participação de 35% de veículos pesados, calculando-se o nível de ruído de 84,0 dB(A) a 85,0 dB(A) na margem da pista com pavimento convencional. Para os demais trechos, consideraram-se as variações indicadas na tabela 2. Dessa forma, para a hipótese de pavimento de concreto, considerou-se a faixa de 84,5 dB(A) a 87,0 dB(A) estimada no acostamento da via; para o asfalto deteriorado, de 84,5 a 89,5 dB(A); para o asfalto de baixa rugosidade, de 79,5 dB(A) a 84,5 dB(A); e, finalmente, para o asfalto poroso, de 78,5 dB(A) a 81,5 dB(A).

Aplicando a curva de decaimento logarítmico de acordo com a distância da via, determinaram-se, para cada pavimento analisado, as distâncias máximas de impacto sonoro, conforme apresentado no gráfico 1, levando em conta a propagação sonora em campo aberto e plano.

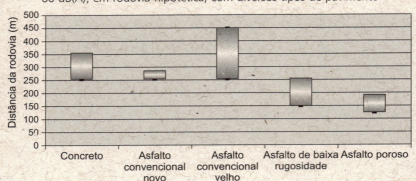

Gráfico 3. Distância máxima necessária para o decaimento sonoro até 60 dB(A), em rodovia hipotética, com diversos tipos de pavimento

Observando o gráfico, pode-se verificar que, no caso de pavimentação com asfalto convencional, a área sujeita a maior intensidade de poluição sonora se estende por uma faixa de até pouco mais de 250 m da rodovia. Com o envelhecimento e a deterioração do pavimento, estima-se que a zona prejudicada se estenda até 450 m da via.

Na hipótese de pavimento de concreto, a zona de maior impacto ambiental pode atingir até cerca de 350 m da pista, dependendo das características do concreto aplicado, portanto com o potencial de provocar níveis de ruído elevados em uma faixa cerca de 100 m maior que aquela estimada para o asfalto convencional em bom estado, mas 100 m menor que o esperado com a deterioração do pavimento asfáltico convencional.

O asfalto de baixa rugosidade tem o potencial de limitar a zona máxima sujeita a altos níveis de ruído até a distância de 150 m da rodovia, garantindo uma sensível melhora na qualidade ambiental.

Por sua vez, o asfalto poroso apresenta o mesmo rendimento acústico do asfalto de baixa rugosidade, mas sem os inconvenientes relativos à durabilidade e à segurança já mencionados.

Portanto, dependendo do tipo de pavimento utilizado em uma rodovia, o nível de ruído de tráfego resultante pode variar muito. Entre a pior condição – de um pavimento asfáltico bastante deteriorado e rugoso – e a melhor – de um pavimento poroso com projeto acústico adequado –, a diferença de nível sonoro na margem da via é da ordem de 10 dB(A).

Levando em conta a distância necessária para que haja a atenuação sonora até o valor recomendável de 60 dB(A), em uma rodovia hipotética com pavimento asfáltico convencional novo e alto fluxo de veículos leves e pesados, observa-se que, quando esse piso se deteriora, a zona sob impacto ambiental pode aumentar cerca de 200 m. O uso de pavimento de concreto chega a aumentar a zona de alto nível de ruído em até 100 m além do estimado para o asfalto convencional, e, no caso de ruído acima do padrão, a zona sob impacto ambiental pode atingir até 350 m além da rodovia. Por outro lado, o uso de pavimentos de baixa emissão acústica tem o potencial de reduzir a zona de impacto em cerca de 100 m, destacando-se entre estes o pavimento asfáltico poroso, que limita a zona de impacto sonoro a cerca de 150 m da rodovia, além de agregar às suas características acústicas a vantagem de ser de alta durabilidade e de melhorar as condições de segurança, aumentando a aderência dos pneus à pista, particularmente em dias de chuva.

Logo, em estudos de impacto ambiental e dimensionamentos de sistemas de proteção acústica rodoviária, é fundamental que seja considerado o tipo de pavimento utilizado na via, bem como a hipótese de seu desgaste.

Influência da velocidade

O nível de ruído resultante do tráfego em uma via depende da velocidade dos veículos em trânsito. Porém, não de forma direta nem linear.

No tráfego rodoviário, em vias não congestionadas, com os veículos em alta velocidade, a relação é direta. Quanto maior a velocidade, maior o nível de ruído resultante. É simples de entender, pois nessas condições praticamente não ocorrem trocas de marcha, assim, quanto maior a velocidade, maior a rotação do motor, o que significa maior freqüência de movimentos mecânicos, explosões de combustível e fluxo de gases, que geram maior intensidade sonora.

Em vias urbanas, ou de tráfego mais congestionado, com muitas acelerações e desacelerações, a situação torna-se mais complexa. Continua valendo o conceito de que quanto maior a velocidade do veículo, maior a intensidade sonora. No entanto, quando o veículo está em aceleração, com constantes trocas de marcha, o motor é ciclicamente acelerado, gerando altos níveis sonoros. Por isso, no caso de tráfego com velocidade média muito baixa, as constantes reacelerações dos veículos geram um nível de ruído mais intenso do que aquele decorrente do tráfego com velocidade média mais alta, porém contínua.

Mas, em princípio, pode-se considerar que a diminuição da velocidade média de tráfego ocasione uma redução também no nível de ruído resultante, como já comentado, na seção sobre as condições da via de tráfego, a respeito dos dispositivos controladores como os obstáculos e as lombadas, que, ao obrigar os motoristas a manter uma velocidade inferior, trazem como benefício indireto a redução do nível sonoro (exceção feita àqueles dispositivos denominados sonorizadores, que geram ruído e vibrações na passagem dos veículos). Segundo H. M. Barbosa, a redução da velocidade média de tráfego em uma via de 50 km/h para 30 km/h, implica a diminuição de 4 dB(A) a 5 dB(A) no nível de ruído de tráfego.[9]

O gráfico 2 apresenta a estimativa de ruído na margem de uma rodovia hipotética com alto fluxo de veículos, em função da velocidade média de tráfego. Observa-se, claramente, o alto nível de ruído em situação de congestionamento total, com velocidades da ordem de 10 km/h.

---

[9] *Ibidem.*

Com o aumento da velocidade de tráfego, até cerca de 30 km/h a 40 km/h, há uma redução da intensidade sonora, quando se atinge o mínimo nível de ruído possível em uma via de tráfego. A partir desse limite, com o aumento da velocidade de tráfego, há um aumento do nível de ruído resultante, de forma contínua e praticamente linear.

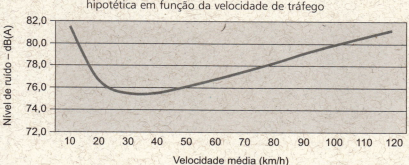

Gráfico 4. Estimativa do nível de ruído à margem de uma rodovia hipotética em função da velocidade de tráfego

É, portanto, importante que no meio urbano haja um efetivo controle de velocidade de tráfego, particularmente nas vias de ocupação residencial, no período noturno. Para atenuar o efeito contrário da reaceleração dos veículos e mesmo de uma eventual frenagem mais brusca, é recomendável que o controle de velocidade seja feito sempre por meio de sistemas eletrônicos, como radares ou lombadas eletrônicas, evitando-se as barreiras físicas como as lombadas, os obstáculos e, principalmente, os sonorizadores.

Ruído de aeronaves

A principal e mais disseminada fonte móvel de ruídos é, sem dúvida, representada pelos veículos rodoviários. Ainda entre os veículos terrestres, devem ser incluídas as ferrovias, que constituíram um dos primeiros motivos de preocupação com o ruído no início da era industrial. Elas, no entanto, distinguem-se pela localização e pela fácil previsão do nível de emissão de ruído, pois tanto o trajeto exato quanto as características acústicas do veículo que nela trafega são plenamente conhecidos. Logo, podem ser tratadas como um caso particular de rodovia, onde os picos sonoros são sempre de mesma ordem de grandeza e cíclicos, visto que ocorrem em horários preestabelecidos.

O mesmo não se aplica no caso das aeronaves. Áreas residenciais próximas a aeroportos têm sido objeto de grandes preocupações e discussões relativas à poluição sonora.

A área de influência do ruído de um avião é extremamente ampla, pois o seu ruído começa a se tornar incômodo no instante em que se inicia a operação de descida – com a diminuição de sua altitude para um nível no qual o ruído gerado atinge o solo em alta intensidade –, e só deixa de causar incômodo a partir do momento em que atinge altitudes mais elevadas, na posterior decolagem. Logo, a área afetada pelo ruído vai desde uma extensão ampla da rota de aproximação do aeroporto até as imediações deste, onde o ruído de aceleração para decolagem e das demais operações em terra também se fazem presentes, e posteriormente a região da rota de decolagem, até o ponto onde o avião atinge a altitude de cruzeiro. Como uma aeronave emite o ruído do alto, onde não existem obstáculos à propagação do som, este também atinge uma distância bastante significativa. Logo, todo um "corredor" de alguns quilômetros de largura e vários de extensão, cujo centro é o aeroporto, está sujeito a receber níveis de ruído elevados.

No caso dos helicópteros – cada vez mais usados nas grandes cidades brasileiras –, a questão é ainda mais complexa, pois eles têm uma enorme mobilidade, seus pontos de pouso são diversos (e a cada dia são construídos mais) e, freqüentemente, ficam por vários minutos parados no ar, no mesmo local, normalmente em baixa altitude (o que implica alto nível de ruído perto do solo).

Diferentemente dos veículos rodoviários, o número de aeronaves é menor, o que torna o nível de ruído cíclico, com picos sonoros a cada passagem, intercalados com momentos de absoluta ausência de ruído aeronáutico. Com isso, os danos à saúde são menores do que os causados por uma via de tráfego rodoviário – que constitui uma fonte de ruído praticamente contínua –, pois no caso do ruído cíclico o tempo de exposição efetiva ao ruído é menor. Por outro lado, é comum que o ruído aeronáutico seja causa de mais freqüentes e intensas reclamações (assim como o ferroviário), pois a alternância entre elevados picos sonoros e períodos sem o ruído tornam a fonte sonora muito mais evidente e, conseqüentemente, mais irritante.

A variabilidade do ruído de passagem de uma aeronave em relação a outra também é muito grande, a exemplo dos veículos rodoviários. Conforme o tipo de operação, de pouso ou decolagem, e, principalmente, o modelo da aeronave, a variação do pico sonoro é bastante significativa.

Em duas séries de medições de ruído, por períodos de cerca de uma hora, realizadas nas vizinhanças do aeroporto de Congonhas, em São Paulo, foi possível verificar essa variabilidade. Foi escolhido para as medições um ponto fixo em uma rua residencial onde o ruído de fundo, proveniente do tráfego de veículos nas avenidas próximas, atingisse um nível significativamente inferior àquele da passagem dos aviões. Numa série, captou-se o ruído dos aviões que decolavam naquele sentido; na outra, dos que pousavam.

Verificou-se em dez decolagens um nível sonoro médio de 88 dB(A), com variação de 84 dB(A) a 90 dB(A) e desvio-padrão de 2 dB(A). No pouso, a média foi um pouco inferior, de 85 dB(A), mas com uma variação muito maior (de 79 dB(A) a 90 dB(A)) e desvio-padrão de 4 dB(A). É interessante notar que o nível máximo observado, de 90 dB(A), ocorreu tanto durante o pouso quanto durante a decolagem, o que indica que, qualquer que seja a direção de fluxo das aeronaves, o nível sonoro resultante máximo pode ser da mesma ordem de grandeza. Logo, há uma significativa variação, de pelo menos 10 dB(A), do pico sonoro decorrente da passagem de um avião em relação a outro no mesmo ponto receptor.

Outra constatação interessante é a intensidade desses picos sonoros, bastante elevada, absolutamente inadequada para uma área residencial, embora seja permitida pelos limites legais, considerando-se o nível equivalente contínuo (L_{eq}) para um período maior. Logo, como já comentado, não representa uma condição de risco à saúde, mas resulta em alto grau de incômodo.

Por isso, o ruído aeronáutico é avaliado com base na localização do receptor, no tipo de aeronave, na operação realizada, na eventual existência de outras fontes sonoras, na quantidade e nos horários de vôo. Todos esses parâmetros devem ser considerados no diagnóstico do ruído de aeronaves e nas eventuais propostas para a mitigação dos problemas dele decorrentes.

As soluções possíveis, nesse caso, iniciam-se com um cuidadoso planejamento urbano, conforme a localização do aeroporto e as rotas aéreas com destino a ele. A medida seguinte é a definição dos horários de vôo conforme o nível de ruído específico de cada aeronave, evitando a chegada e a partida dos aviões mais ruidosos no período noturno em aeroportos localizados em áreas urbanas. Para os helicópteros, faz-se necessária a regulamentação rigorosa, assim como a fiscalização, quanto à localização dos helipontos, à altitude mínima de vôo e ao tempo máximo de permanência no ar, estejam eles parados ou voando em baixas velocidades.

Finalmente, medidas de proteção acústica em helipontos e aeroportos, como as barreiras acústicas – descritas no capítulo "Técnicas de controle acústico" –, muitas vezes apresentam-se como uma solução altamente eficaz.

Ruído interno: segurança de tráfego

O principal objetivo desta seção é identificar os efeitos mais imediatos do ruído que podem ter influência direta nas condições indispensáveis para conduzir um veículo com segurança.

Como já foi mencionado anteriormente, o ruído provoca no organismo um estado de alerta, que deixa o indivíduo pronto para reagir de acordo com o "perigo" que o ruído pode significar. Assim sendo, por se tratar de uma reação de defesa do organismo, nos segundos iniciais em que o motorista ingressa em um setor da rodovia com alto nível de ruído, este se mostra mais preparado para ações de autodefesa, com alto grau de atenção e reflexos. No entanto, se isso parece bom para a segurança rodoviária, só o é por alguns momentos, pois nessas condições o organismo é submetido a um enorme desgaste, logo passando a uma segunda fase de reações, de fadiga dos diversos órgãos envolvidos nesse fenômeno.

Considerando somente os efeitos que podem influenciar as condições de segurança de tráfego, destacamos aqueles decorrentes da exposição continuada a um nível de ruído de média a alta intensidade, conforme as funções afetadas:

- *habilidade:* provas de habilidade demonstram que a exposição ao ruído contínuo diminui gradativamente o rendimento e aumenta a probabilidade de erros, processo que vai se agravando enquanto se mantém a exposição ao ruído. Isso ocorre porque o organismo sujeito ao ruído permanece em constante estado de alerta, dando respostas caóticas inconscientes em busca da defesa à "ameaça" do ruído e experimentando reações sem um objetivo explícito. Logo, essas reações inconscientes e aleatórias, mesmo em um ser racional como o homem, que consegue controlá-las por certo tempo, acabam por interferir na atividade consciente que está sendo desenvolvida, provocando erros;

- *sistema circulatório*: o efeito vasoconstritor provoca o aumento da pressão arterial, de leve a moderado. Tratando-se de indivíduos hipertensos, podem ser sentidos os primeiros efeitos da crise hipertensiva, tais como tontura, dor súbita em ponto determinado do sistema circulatório ou dor de cabeça;

- *visão*: a dilatação da pupila, causada pelo ruído, provoca um constante piscar de olhos, tornando a visão estroboscópica. A necessidade de reajustar continuamente o foco, aumenta a fadiga e a probabilidade de erros. Para pessoas com problemas de visão e/ou em condições de baixa visibilidade, esses efeitos se intensificam, pois a solicitação visual do motorista é muito mais ativa;

- *equilíbrio*: pessoas expostas a altos níveis de ruído freqüentemente apresentam os sintomas da perturbação dos órgãos vestibulares, responsáveis pelo equilíbrio, perturbação que se manifesta na forma de tonturas, dificuldade de equilíbrio, náuseas e vômitos. Esses sintomas permanecem por algum tempo, mesmo depois de cessar o ruído;

- *sistema endócrino*: existem diversas reações de ordem neuropsíquica ao ruído continuado causadas por um desequilíbrio no sistema endócrino – manifestado principalmente por alterações da produção de hormônios pela hipófise e pela tireóide –, sendo as mais importantes para a segurança de tráfego: ansiedade, insegurança, diminuição do nível de atenção, alterações de memória, alongamento do tempo de reação, cefaléia e até mesmo detonação de estados de absenteísmo, particularmente em pessoas propensas a distúrbios nervosos;

- *sistema nervoso*: distúrbios nos diversos centros nervosos do corpo. Entre outros efeitos, observam-se tremores das mãos, diminuição da reação a estímulos visuais, desencadeamento de crises de tipo epiléptica, mudança na percepção de cores e aparecimento de zumbido no ouvido causado pela lesão no nervo auditivo;

- *sonolência:* a exposição continuada a ruídos monótonos (em uma tonalidade constante, daí o termo "monónoto"), bastante comum em veículos que trafegam em velocidades contínuas por longos períodos, mesmo que de baixa ou média intensidade, tem o efeito de induzir um estado de torpor e sonolência.

Além dessas alterações, deve também ser considerado que o alto nível de ruído em uma rodovia pode afetar negativamente o sistema de orientação auditiva do motorista, comprometendo a sua noção de direção dos importantes sons de alerta (buzinas, sirenes, etc.) e de orientação, tais como o som de outro veículo ultrapassando pela direita, por exemplo.

As reações específicas desencadeadas nos indivíduos variam em intensidade, conforme as susçeptibilidades físicas de cada um. Qualquer pessoa está sujeita aos sintomas descritos, podendo sentir um ou outro em maior intensidade que os demais.

Da mesma forma, o nível de ruído e o tempo de exposição necessários para provocar esses efeitos também variam de um indivíduo para outro. Em linhas gerais, para evitar esses sintomas deve-se manter o nível de ruído abaixo de 70 dB(A).

Cumpre ressaltar que, no caso de sistemas de sonorização de veículos utilizados em altíssimo volume e/ou de alteração do sistema de escapamento original, o nível de ruído no interior do veículo pode ultrapassar os 100 dB(A).

Nível de ruído no interior de um veículo

O nível de ruído no interior de um veículo depende não somente das suas características, mas também das condições de operação (velocidade), do estado e da especificação da pista.

Estudos realizados nos Estados Unidos sobre o nível de ruído no interior de diversas cabines de caminhões, que circulam em vias planas à velocidade aproximada de 105 km/h, indicaram níveis de ruído que variavam de 88,6 dB(A) – com janelas fechadas e rádio e ventilador desligados – até 90,3 dB(A) – com janelas abertas e rádio e ventilador ligados. No Brasil, segundo a determinação da Portaria nº 3.214/1978, do Ministério do Trabalho, o tempo de exposição a esse nível sonoro deve ser, no máximo, de 4 a 5 horas por dia. Como um motorista de caminhão permanece na estrada por um período muito superior a esse, caracteriza-se o seu ambiente de trabalho, nessas condições, como excessivamente ruidoso, havendo grande probabilidade de perdas auditivas sensíveis ao longo de anos de trabalho.

Além disso, pelo já descrito na seção anterior, submetidos a tais níveis de ruído, os motoristas de caminhão manifestarão vários dos sintomas mencionados, tornando-se mais sujeitos a cometer erros e provocar acidentes.

Uma avaliação feita com um veículo de passeio na rodovia Presidente Dutra indicou um nível de ruído interno de 73,2 dB(A) com o veículo circulando a 80 km/h com as janelas abertas, elevando-se o ruído até 74,6 dB(A) a 100 km/h, onde a pista utilizada era de pavimento asfáltico convencional, em bom estado de conservação. O mesmo estudo apontou, em um trecho semelhante da rodovia, porém com pavimento asfáltico poroso com polímero, a redução dos níveis de ruído interno, nas mesmas velocidades, para 70,8 dB(A) e 73,1 dB(A), respectivamente; melhorando muito as condições sonoras particularmente a 80 km/h.

Por outro lado, outros estudos indicam que o pavimento de concreto pode causar um aumento no nível de ruído externo da ordem de 2 dB(A) (visto que não foi realizada medição, nesse caso, de ruído interno), já o pavimento poroso pode causar uma redução de 3 dB(A). Outras medidas, como a limitação da velocidade máxima de tráfego, têm o potencial de reduzir o ruído externo em cerca de 2 dB(A).

Portanto, o nível de ruído ao qual é submetido um motorista que dirige em uma rodovia pode provocar diversas alterações físicas, que aumentam o risco de acidentes. Os motoristas de caminhão, por exemplo, estão sujeitos a níveis mais altos, mas, eventualmente, o ruído no interior de um automóvel pode ser alto o suficiente para provocar acidentes, particularmente se os ocupantes têm o hábito de ouvir música em alto volume ou alteram as características originais do sistema de escapamento, aumentando o nível de ruído.

Além das características dos veículos, o tipo de pavimento e a geometria da rodovia também influem de modo significativo no nível de ruído, afetando todos os veículos que por ela circulam, no entanto é possível diminuir o nível de ruído interno através de medidas de controle acústico incorporadas no projeto da rodovia.

Dessa forma, é recomendável que se intensifiquem os estudos dos efeitos do ruído na segurança de tráfego, bem como das técnicas de controle sonoro, levando em conta os seguintes fatores, apresentam influência potencial na segurança de tráfego:

- *características do veículo*: são importantes os estudos de diminuição do ruído interno, tanto pelo uso de materiais fonoabsorventes quanto pela redução da emissão de ruído de motor, transmissão, pneus, escapamento e ruídos aerodinâmicos. Por outro lado, é necessário o estabelecimento de normas e legislação específica que determinem a gradativa redução do nível de ruído interno em altas velocidades;

- *manutenção do veículo*: a má conservação do veículo ou a alteração do sistema original de escapamento causam um aumento significativo do nível de ruído, constituindo mais um forte motivo para a intensa fiscalização dos veículos em uso;

- *modo de operação do veículo*: o aumento da velocidade implica proporcional aumento do nível de ruído interno, potencializando os riscos do tráfego em alta velocidade. O ruído torna-se ainda mais elevado se o veículo estiver com as janelas abertas. Quanto ao uso de rádios e aparelhos sonoros, se por um lado podem contribuir com a segurança, gerando mais conforto para o motorista e diminuindo a fadiga, por outro, se utilizados em volume excessivo, produzirão efeito contrário à segurança. Ao se conjugarem os hábitos de trafegar com janelas abertas e ouvir música em alto volume (mais alto ainda porque deve superar o ruído externo), a situação se torna particularmente crítica. Nesse sentido, é recomendável a implantação de programas de conscientização dos motoristas em relação a esse problema e, até mesmo, a fiscalização para evitar abusos;

- *características da rodovia*: a principal fonte de ruído em rodovias é o atrito pneu–pavimento. Logo, além do desenvolvimento de pneumáticos menos ruidosos, é recomendável o uso de pavimentos especiais, porosos, com menor emissão de ruído e maior absorção das ondas sonoras. Naturalmente, a adequada conservação da pista também assume importância na emissão de ruído, bem como diversas características de traçado, particularmente o tipo de perfil, sendo que quanto mais fechado em taludes laterais e menor o canteiro central, maior será o nível de ruído interno nos veículos que por lá trafegam. O revestimento dos taludes com vegetação e o das paredes de túneis com material absorvente têm um efeito bastante positivo na redução do nível de ruído a que são submetidos os motoristas e passageiros dos veículos. Finalmente, as condições de tráfego também exercem grande influência, sendo sempre mais seguras e recomendáveis as viagens por vias e horários em que haja menor movimento, principalmente de caminhões.

Como se vê, muitas das ações tradicionalmente aplicadas à segurança de tráfego têm o seu efeito potencializado pela diminuição do nível de ruído. Entre elas encontram-se: manutenção do veículo; conservação rodoviária; uso de pavimentos porosos (que melhoram as condições de aderência e visibilidade na chuva); limitação da velocidade máxima; aumento do canteiro central e de áreas de escape laterais; e busca de horários e rotas com menor intensidade de tráfego.

Já outras medidas – como redução do ruído interno do veículo, trafegar com janelas fechadas e música em volume baixo, construção de taludes e de paredes de túneis com revestimentos absorventes acústicos e uso de pneumáticos menos ruidosos –, que normalmente não são associadas à segurança viária, passam a adquirir importância nesse sentido se considerado o aspecto do ruído como agente prejudicial à condução segura de um veículo automotor.

FONTES FIXAS DE POLUIÇÃO SONORA

Indústrias

A principal diferença entre as fontes de ruído industriais e os veículos automotores é justamente o fato de as primeiras serem fixas, com níveis de emissão e área afetada muito bem definidas.

Não se tratará, neste livro, das questões de ruído interno, em ambientes de trabalho, dentro dos preceitos de saúde ocupacional. O objetivo é analisar o ruído que atravessa os limites da indústria e atinge um receptor alheio às operações ocupacionais, em níveis elevados, constituindo, portanto, uma questão de cunho ambiental.

São inúmeras as fontes de ruído em uma indústria que tem o potencial de atingir a sua vizinhança. Podem ser equipamentos mais ruidosos, tais como prensas e outros dispositivos da indústria mecânica ou têxtil, por exemplo. Turbinas, geradores e outros equipamentos muitas vezes produzem ruído que afeta as áreas vizinhas. Todos esses e outros dispositivos e equipamentos freqüentemente são instalados no interior de galpões, e somente em alguns casos seu ruído chega a atingir os limites externos da fábrica.

No entanto, há alguns equipamentos que, por sua própria concepção, usualmente trazem problemas ambientais de ruído. Um dos mais comuns são as torres de resfriamento, que devem ser instaladas no pátio externo, normalmente compondo uma bateria de torres, cujo intenso e contínuo ruído dos ventiladores e do fluxo de água atinge níveis sonoros da ordem de 80 dB(A) a 100 dB(A).

Há também os equipamentos móveis, como empilhadeiras e caminhões, que circulam nas áreas externas da indústria, o que torna difícil o isolamento do seu ruído. Sendo assim é comum constatar níveis de ruído elevados em pátios de descarga, principalmente de material a granel.

Outras fontes comuns de incômodo externo são os sistemas de ventilação, particularmente tomadas de ar ou rotores de ventiladores e exaustores, bem como equipamentos instalados em maior altura, acima da linha dos telhados.

O nível de ruído presente na área de trabalho de uma indústria, embora elevado, muitas vezes não apresenta problema para seus trabalhadores, pessoas saudáveis que estão sujeitas ao ruído apenas durante o seu horário de trabalho e, sempre que necessário, usam dispositivos de proteção auricular. No entanto, a vizinhança é constituída pela população em geral, incluindo pessoas doentes, idosos e crianças, que são expostas continuamente ao ruído, particularmente à noite, caso as atividades industriais sejam ininterruptas.

Se a fábrica estiver instalada em uma área industrial, onde inexistam receptores residenciais, escolas ou outro tipo de ocupação mais sensível ao ruído, o problema de poluição sonora será bem mais ameno, sendo os padrões legais menos rigorosos nesses casos. No entanto, há muitas indústrias localizadas em área residencial, como conseqüência de um desenvolvimento urbano mal ordenado. Nesses casos, começa a haver um conflito de necessidades de uso do mesmo espaço, visto que o ruído inerente à atividade industrial prejudica os requisitos recomendáveis ao uso residencial.

Por serem inúmeras as atividades industriais, e cada instalação essencialmente distinta das demais, somente uma avaliação específica pode caracterizar as fontes sonoras, diagnosticando o problema e vislumbrando as possíveis soluções.

Em linhas gerais, há basicamente duas situações diferentes. Na primeira, estão as instalações onde a fonte sonora que afeta a vizinhança é constituída por um único ou poucos equipamentos bem localizados, sendo possível o seu controle pontual. Na segunda estão as indústrias que apresentam diversas fontes difusas de ruído, às vezes móveis, ou mesmo poucas fontes, que não podem ser isoladas nem tratadas individualmente. Nesses casos, torna-se mais simples a proteção direta dos receptores, mediante isolamento acústico individual, se forem poucos os receptores, ou o uso de barreiras acústicas, se for necessário proteger uma área mais ampla.

Outras fontes

As atividades humanas implicam diversas fontes de poluição sonora além dos veículos automotores e das indústrias. São incontáveis as fontes de ruído, de diferentes origens, que compõem o som característico de uma área urbana.

Muitas vezes, como já discutido anteriormente, a sua definição e a sua caracterização são bastante sutis. O baterista meu vizinho que ensaia com sua banda está tocando música ou fazendo ruído? Obviamente, depende do ponto de vista e, até mesmo, do estado de humor.

É bastante claro que a convivência comunitária demanda certa dose de bom senso e flexibilidade, com a determinação de limites socialmente aceitos para as atividades ruidosas, independentemente dos padrões legais. Por exemplo, quando meu cão de guarda late, o nível de ruído ultrapassa os limites normalizados. Se o animal latir apenas eventualmente, quando se fizer realmente necessário, meu vizinho não se sentirá incomodado. Por outro lado, se for um daqueles cães que ladram para cada pessoa que passa na rua, mesmo que na calçada oposta, e ele continuar latindo incessantemente por alguns minutos a cada evento, podemos estar certos de que a vizinhança irá se sentir bastante incomodada. O mesmo podemos dizer com relação à música que escutamos em nossa sala de estar, às pequenas reformas que eventualmente realizamos e às festas que promovemos algumas noites por ano. Todas essas atividades, ruidosas sem dúvida, são aceitas pela sociedade como normais se realizadas com a devida dose de bom senso e respeito aos demais.

Assim sendo, não vamos discorrer mais aqui sobre esse tipo de fonte de ruído, doméstico, pois os seus problemas e as suas soluções estão muito mais ligados a estudos de sociologia, ou das demais ciências humanas, do que a questões de acústica propriamente dita.

Nas atividades urbanas, excetuando as industriais, já comentadas, muitas fontes de ruído participam da composição desse grave problema moderno que é a poluição sonora.

Uma das atividades que mais geram polêmicas e discussões são as danceterias e os estabelecimentos similares, onde se toca música em alto volume até horários bastante avançados, freqüentemente sem o devido isolamento acústico. Além do ruído da música propriamente dita, geram um movimento de pessoas (e automóveis) muito intenso, provocando mais ruído ainda. Se instaladas próximo a áreas residenciais, essas casas noturnas se transformam num verdadeiro martírio para os vizinhos.

As escolas, que freqüentemente são tratadas como receptores sensíveis (como de fato são), merecendo avaliação por padrões de ruído especiais, também constituem, por outro lado, uma fonte de ruído significativa, sendo comum observar imóveis à venda, "encalhados", localizados ao lado de escolas infantis.

Equipamentos de ar-condicionado, principalmente sistemas centrais de grande porte, com torres de resfriamento, usuais em edifícios de escritórios e *shopping centers*, são incompatíveis com uma vizinhança residencial, particularmente se operarem durante a noite.

Um simples supermercado, além de ser um agente de atração de fluxo de pessoas, nos horários de recebimento de mercadorias (geralmente nas primeiras horas do dia) se transformam em uma fonte de ruído intenso de caminhões, vozerio de carregadores, etc.

Há também o caminhão de recolhimento de lixo, que durante a madrugada acorda a todos com o sistema compactador, e o entregador de gás, com a típica e irritante musiquinha eletrônica, que passa justamente naquela manhã de sábado em que pretendíamos dormir até mais tarde.

Não devemos nos esquecer também das incontáveis obras de construção civil, sejam públicas, sejam privadas, que durante meses (ou mesmo anos) perturbam ininterruptamente os seus vizinhos, muitas vezes trabalhando até durante a noite. Destacam-se entre estas as obras realizadas em vias públicas, pela municipalidade ou por concessionárias de serviços públicos, que geralmente ocorrem à noite, com intenso uso de compressores, britadeiras e outros equipamentos ruidosos.

Além de numerosas, as fontes de poluição sonora no meio urbano têm características totalmente variadas, constituindo assim focos de difícil controle. Justamente por isso exigem regulamentação legal bastante específica, muito bem estudada, bem como cuidadosas medidas de controle, visando tornar as cidades ambientes mais silenciosos e saudáveis.

TÉCNICAS DE CONTROLE ACÚSTICO

O controle do ruído, ou melhor dizendo, o controle dos efeitos do ruído nos receptores, que é o que interessa, em última instância, pode ser obtido por diferentes técnicas, dentro de princípios particulares.

O método preventivo consiste em fazer com que o ruído seja produzido onde não venha a causar problemas, preservando assim os receptores, o que pode ser obtido por meio do planejamento urbano e do conseqüente zoneamento da cidade.

Se não foi possível prevenir, resta corrigir o problema, utilizando um de três princípios básicos, ou a combinação deles: controlar a fonte sonora, proteger o receptor e limitar a transmissão sonora da fonte até o receptor.

Planejamento urbano

Seja qual for a fonte de ruído, ela só constitui um problema de poluição sonora se o som atingir um ponto receptor em um nível que provoque incômodo ou dano à saúde. Em outras palavras, se o ruído for de alta intensidade, mas não houver ninguém para escutá-lo, não existe problema a ser tratado.

Portanto, o primeiro meio de controle acústico consiste em um adequado planejamento de ocupação do espaço urbano, de modo que os ruídos emitidos sejam separados fisicamente dos pontos receptores.

A primeira ação recomendável é dividir o espaço conforme as finalidades de uso, reservando áreas específicas para atividades industriais e recreacionais (como casas noturnas), que, por serem mais ruidosas, devem ser instaladas em áreas isoladas. As atividades comerciais maiores, como grandes supermercados, *shopping centers*, conjuntos de escritórios e clínicas, entre outras, também devem ocupar áreas específicas, podendo ser localizadas mais próximo às áreas residenciais. Junto a estas reserva-se somente a instalação de atividades comerciais de bairro, como farmácias, padarias, pequenas lojas, etc., destinadas a atender basicamente aos moradores das vizinhanças, sem atrair pessoas de outras regiões.

As escolas, que por questões práticas também devem ser localizadas próximo à área residencial, não devem ser instaladas ao lado de residências, sendo preferível isolá-las com um parque ou uma praça, o que garante o baixo nível de ruído necessário a esse tipo de atividade, ao mesmo tempo que o ruído gerado também não prejudica ninguém.

Sendo os veículos automotores a principal fonte de ruído urbano, o planejamento do sistema viário é de suma importância. Como já descrito anteriormente, o ideal seria criar um sistema viário hierarquizado, com um conjunto de vias arteriais, expressas, ligando os diversos bairros e regiões.

As vias arteriais devem ter poucos pontos de acesso, e sem nenhum tipo de ocupação lindeira, além de ser isoladas por taludes, barreiras acústicas ou simplesmente pela distância de suas margens (recobertas por densa vegetação), de modo que o ruído gerado pelo tráfego intenso e em alta velocidade não venha a atingir as áreas residenciais cruzadas pela via.

As vias secundárias, que partem das arteriais, são constituídas por avenidas, onde serão instaladas as atividades industriais, recreacionais ou comerciais de maior porte.

Finalmente, as áreas residenciais devem ser construídas em bolsões com acesso somente às vias secundárias, e concebidas de modo que não seja possível utilizar um bairro residencial como meio de acesso a outras áreas. Com isso, somente os veículos destinados ao próprio bairro percorreriam as suas vias internas.

O sistema de transporte público necessita também de planejamento criterioso, dando-se preferência aos sistemas elétricos (menos ruidosos). As linhas de alta capacidade (trens e metrô) devem acompanhar as vias arteriais; as de média capacidade (corredores de ônibus ou trólebus) devem acompanhar as vias secundárias; e as de baixa capacidade (microônibus) devem passar pelo interior dos bairros residenciais. É altamente recomendável que as áreas de estacionamento se localizem nas saídas dos bairros residenciais e nos acessos às vias arteriais, pois facilita aos proprietários de automóveis a utilização de transporte coletivo nos percursos mais longos.

Os aeroportos devem ser construídos fora do centro urbano, sendo as áreas sob as rotas de aproximação e decolagem ocupadas por distritos industriais, parques ou, no máximo, áreas comerciais. Os helipontos devem ser instalados sempre próximo às vias arteriais, não sendo permitido o sobrevôo nos bairros residenciais.

Obviamente, todas as idéias de planejamento urbano apresentadas são de implantação simples em áreas de expansão urbana, ainda não ocupadas. No entanto, tratando-se de cidades já existentes, cujo crescimento se deu – como na grande maioria dos casos – de forma desordenada, a aplicação desses conceitos básicos se torna bem mais complexa.

Cada caso merece um estudo detalhado e específico, que busque adaptar o máximo possível o planejamento às premissas ideais e ofereça suporte para a criação de uma nova legislação de ocupação do solo, a qual deve considerar a ocupação já existente e os níveis de ruído reais. Eventualmente, ações de incentivo ao uso das áreas urbanas de acordo com a sua vocação podem se fazer necessárias, por exemplo desestimulando a ocupação residencial em áreas onde o nível de ruído já se tenha tornado inadequado e dificultando a instalação de atividades comerciais e industriais nas áreas próprias para moradia.

Obras viárias fazem parte do desenvolvimento urbano, e o seu planejamento deve prever a construção de avenidas arteriais e a criação de dispositivos de restrição ao tráfego nas áreas residenciais, fazendo-se os bolsões, sempre que for possível. Os sistemas de transporte público devem ser fruto de um cuidadoso projeto e constituem, provavelmente, o maior investimento para a redução da poluição sonora.

Uma rigorosa regulamentação de horários para fontes de ruído intenso deve ser implantada, impedindo as atividades ruidosas nas áreas residenciais durante o período noturno, bem como limitando o tempo máximo contínuo para certas atividades, como veículos com alto-falantes, helicópteros parados no ar, obras de rua, etc.

Finalmente, onde for determinado o conflito de usos, com níveis de ruído inadequados, devem ser implantadas medidas de controle acústico, por um dos meios descritos adiante, ou mesmo pela combinação de vários deles.

Controle da fonte

O meio mais direto de atenuar os efeitos do ruído consiste em controlá-lo diretamente na fonte, reduzindo a emissão sonora.

Para cada fonte específica de ruído, obviamente, cabe uma técnica de controle.

Os equipamentos de qualquer espécie (seja de fontes fixas, seja de veículos) podem ter seus projetos modificados, segundo técnicas de engenharia, para gerar ruídos de menor intensidade. Assim, o uso de sistemas de amortecimento de vibrações, abafadores, silenciadores de fluxo de gases, entre outros, tem o potencial de reduzir significativamente o nível de ruído de uma fonte sonora. No entanto, tudo isso tem um custo, que nem sempre é viável na prática.

Nesses casos, a medida comumente adotada para fontes fixas (industriais ou não) é o enclausuramento do equipamento ruidoso, por meio da construção de uma sala para o seu isolamento ou da instalação de painéis em torno dele, o que reduz a transmissão sonora, resultando em um nível de ruído externo adequado.

Nas vias de tráfego, por sua vez, a fonte sonora são os inúmeros veículos que por ela trafegam. Assim, o controle direto da fonte se dá por meio de legislação específica, que estipula limites de emissão de ruído, os quais devem ser cumpridos pelos seus respectivos fabricantes e mantidos – de acordo com as condições de projeto – pelos seus proprietários.

No entanto, como já descrito anteriormente, algumas medidas podem ser tomadas na via de tráfego para provocar uma redução direta da emissão de ruído na fonte, os veículos. Estas são o controle de velocidade – pois quanto menor ela for, menor será o nível de ruído de tráfego resultante – e o uso de pavimentos que gerem menos ruído no contato com os pneumáticos dos veículos.

Estudo de caso: uso de pavimento acústico em rodovias

Para exemplificar o uso de pavimentos acústicos, serão apresentados, a seguir, os resultados práticos de um estudo realizado em um trecho da rodovia Presidente Dutra (que liga São Paulo ao Rio de

Janeiro), no município de Guarulhos, pavimentado, a título de experiência, com asfalto poroso. A finalidade inicial da escolha desse tipo de pavimento era a segurança viária, pois ele é altamente drenante, mantendo a pista seca durante períodos de chuva. Com o seu uso, observou-se que o nível de ruído interno em um veículo que trafegava nesse trecho era significativamente menor, resultando daí o interesse no estudo realizado.

Foram feitas medições do nível de ruído de tráfego, no acostamento da pista, em três trechos distintos da rodovia, sendo um com pavimento asfáltico em mau estado, outro com pavimento poroso e o último com pavimento asfáltico convencional novo. O pavimento poroso difere de um pavimento rugoso, deteriorado, pois a sua superfície é plana, apesar de possuir cavidades entre as pedras britadas. E a principal diferença em relação ao pavimento convencional novo é que o espaço entre as pedras não é totalmente preenchido pelo asfalto, resultando em cavidades de formato irregular. Por outro lado, como a superfície é plana, não provoca vibrações nos pneus – que geram ruído –, como acontece com pavimentos de alta rugosidade.

Os resultados obtidos estão expostos no gráfico 1, no qual se pode observar que, efetuadas as correções do nível de ruído em função das variações de fluxo de veículos, o trecho com o pavimento poroso apresenta um nível de ruído de tráfego da ordem de 3,5 dB(A) inferior ao trecho com pavimento asfáltico convencional, perfeitamente de acordo com as estimativas obtidas nas referências bibliográficas citadas nas notas de rodapé do capítulo "Ruído dos veículos automotores". A curva teórica apresentada no gráfico representa o nível de ruído estimado, calculado por modelagem teórica, em função do fluxo de veículos, considerando um pavimento asfáltico convencional.

Gráfico 5. Nível de ruído (L_{eq}) verificado nos diferentes tipos de pavimento

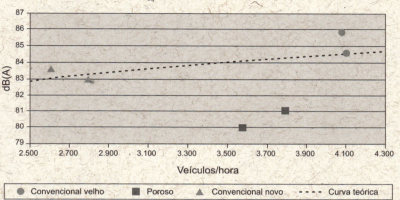

Fonte: E. Murgel, "Influência do uso de pavimento asfáltico poroso com polímero na emissão de ruído de tráfego". Em *Anais do V Seminário de Acústica Veicular (Sibrav)*, São Paulo, agosto de 1999.

Como esses valores foram obtidos em condições de tráfego bastante intenso, mas não congestionado, com velocidade média de tráfego em torno de 80 km/h, acredita-se tratar da condição mais crítica, de maior emissão sonora, portanto, de maior interesse prático, dispensando-se a avaliação nas demais condições.

Para verificar o significado prático, na vizinhança da rodovia, dessa redução de cerca de 3,5 dB(A) no ruído de tráfego, foi calculada a área lindeira à rodovia sujeita a impacto sonoro, ou seja, a distância necessária para um decaimento do nível de ruído até o valor recomendável de 60 dB(A).

Para tal, considerou-se por hipótese um fluxo de 4 mil veículos por hora, com participação de 35% de veículos pesados, e o nível de ruído de 84,5 dB(A) à margem da pista com pavimento convencional. Para o trecho com pavimento poroso, diminuiu-se 3,5 dB(A) desse valor, o que resultou em um nível sonoro estimado de 81 dB(A) à margem da rodovia com pavimento poroso. Aplicando a curva de decaimento logarítmico em função da distância da via, determinou-se que são necessários 220 m para o decaimento até 60 dB(A) no trecho com pavimento convencional e 145 m no trecho com pavimento poroso, como apresentado no gráfico 2.

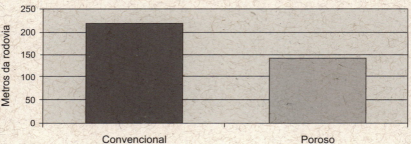

Gráfico 6. Efeito do pavimento poroso na diminuição da área de impacto do ruído rodoviário (tráfego hipotético de 4.000 veículos/hora)

Constatou-se, assim, que o uso do pavimento poroso em uma rodovia com condições de tráfego semelhantes ao trecho estudado garante que a zona de impacto sonoro na vizinhança da rodovia se limite a uma distância inferior a 150 m da pista, contra os cerca de 220 m afetados com o uso de pavimento convencional.

Logo, o pavimento asfáltico poroso com polímero pode constituir um importante agente auxiliar no controle acústico de rodovias, representando, em muitos casos, uma alternativa à instalação de barreiras acústicas e, em outros casos, permitindo o uso de barreiras de menores dimensões.

Para o cálculo do coeficiente de absorção sonora de um pavimento, dadas as óbvias dificuldades de avaliar o material em uma câmara de reverberação, como determinam as normas internacionais (ISO 354), é importante a aplicação de uma metodologia de avaliação no local. M. Garai e outros autores apresentaram um método de avaliação em campo que consiste em posicionar uma fonte sonora e um microfone acima da superfície que se quer avaliar e medir as reflexões nas freqüências de 250 Hz a 4.000 Hz.[10] Através da relação entre os espectros de potência sonora direta e refletida é possível determinar o fator de potência sonora refletida na superfície em análise. A partir disso, o coeficiente da absorção sonora pode ser calculado diretamente.

Proteção do receptor

O segundo princípio de controle dos efeitos do ruído consiste em proteger o ponto receptor com dispositivos de isolamento acústico, de modo que a intensidade do ruído que afeta os receptores seja mantida em níveis recomendáveis.

Nesse caso, o objetivo é lograr o atendimento de padrões de ruído interno, conforme o uso de cada ambiente. São medidas de controle incorporadas diretamente ao edifício receptor, tais como paredes, portas e janelas, construídas de modo que permitam que uma parcela mínima do ruído existente no exterior atinja a parte interna do edifício. Em alguns casos, podem ser construídos muros elevados em torno da propriedade, isolando-a acusticamente.

Em geral, o item crítico no isolamento acústico de um prédio são as janelas, pois as paredes, normalmente construídas com materiais de alta densidade, promovem um grau de isolamento acústico adequado. Já as janelas, feitas com vidro muitas vezes de pequena espessura e aberturas para a passagem de ar, mesmo quando fechadas nem sempre promovem o completo isolamento, permitindo a passagem de uma parte significativa da energia sonora.

---

[10] M. Garai *et al., Procedure for Measuring the Sound Absorption of Road Surfaces in Situ*, ata da Euro Noise '98 Conference, Munique, 1998.

Por esse motivo, na maioria dos casos, a ação de proteção acústica do receptor consiste em instalar janelas com maior capacidade isolante. Estas podem ter caixilhos específicos para proteção acústica, dotados de camadas duplas de vidros, ou simplesmente ser janelas bem construídas, com boa vedação e vidros de maior espessura, dependendo do grau de isolamento pretendido.

Um dos principais inconvenientes do isolamento acústico é que este, para ser eficaz, exige a completa vedação do ambiente, impedindo – juntamente com o som – a entrada de ar. Logo, torna-se imprescindível a instalação conjunta de um sistema de ventilação forçada ou de ar-condicionado, devendo as janelas ser mantidas permanentemente fechadas, caso contrário se anularia a sua ação de isolamento acústico.

Outro aspecto a ser considerado diz respeito à interferência no receptor. Se um prédio é construído em uma área ruidosa e, em seu projeto e sua concepção, decide-se por isolá-lo acusticamente, trata-se apenas de uma característica básica do imóvel, em razão do ambiente escolhido. Por outro lado, se um agente emissor de ruído promove o isolamento acústico de um prédio vizinho como medida de controle da poluição sonora, este só poderá ser feito com pleno consentimento do morador do prédio protegido e, mais do que isso, será visto no máximo como uma medida paliativa, pois o alto nível de ruído continua nos ambientes externos.

Pode-se encarar o isolamento acústico de um receptor como algo similar ao atual costume – pela necessidade – de as pessoas de bem se trancarem dentro de suas residências, com muros altos, alarmes, fechaduras sofisticadas, grades na janela, etc., pois os marginais circulam livremente pelas ruas. É eficiente e necessário, mas não é a solução para o problema em si, tolhendo a liberdade de quem deve ser protegido.

Estudo de caso: janelas isolantes em edifício comercial

No início da construção de um empreendimento imobiliário em São Paulo, constituído por um conjunto de prédios de escritórios de luxo, localizado em um terreno ao lado de uma das mais importantes vias expressas da cidade, foi levantado o problema do ruído intenso do tráfego pesado de veículos naquela avenida. Por se tratar de um prédio que iria abrigar os escritórios sede de importantes empresas, os construtores tinham, por obrigação, que garantir que fossem respeitados os níveis de ruído recomendados pela Associação Brasileira de Normas Técnicas (ABNT) para os ambientes internos, ou seja, 45 dB(A) nas salas de escritório e 40 dB(A) nas salas de reunião.

Foram realizadas medições do nível de ruído na avenida e, por modelagem, estimados os níveis sonoros nos diversos pavimentos do edifício, do lado externo, como apresentado no quadro a seguir.

Diagrama 1. Nível de ruído estimado na fachada de edifício de escritórios

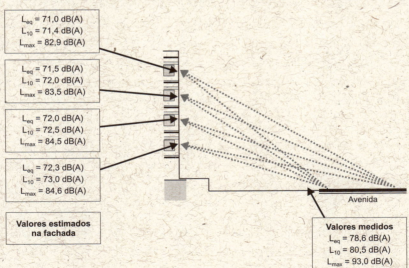

Logo, para que o L_{10} e o L_{eq} fossem mantidos dentro das metas estipuladas para o ruído interno, seria necessária uma atenuação da ordem de 33 dB(A). As paredes, construídas com painéis pré-moldados de concreto, apresentavam um grau de isolamento acústico da ordem de 54 dB(A), portanto mais que suficiente para os objetivos almejados. O empecilho estava nas janelas, pois os caixilhos convencionais, com vidros de 6 mm, promovem um isolamento da ordem de 20 dB(A), o que implicaria um nível de ruído interno resultante bastante superior ao padrão. Para piorar o problema, segundo o projeto arquitetônico, em um canto do prédio seria instalada uma "pele de vidro", ou seja, um setor da parede totalmente de vidro, de alto a baixo.

Foram, então, analisadas diversas alternativas de projeto dos caixilhos metálicos e especificações de vidro, em camadas duplas ou simples, tendo sido o vidro fixado nos caixilhos sem a possibilidade de abertura, obtendo-se assim um máximo isolamento. Como o prédio seria equipado com um sistema de ar-condicionado central, era até mesmo recomendável que não fosse possível abrir as janelas.

A solução adotada foi o uso de vidros laminados de camada dupla, com 11,5 mm de espessura, fixados em caixilhos de alumínio com gaxetas de borracha e enchimento dos perfis metálicos com lã de vidro. Essas janelas, assim concebidas, foram ensaiadas em laboratório, apresentando um grau de isolamento acústico de 33 dB(A), exatamente a meta de projeto.

Na finalização da construção dos prédios, foram realizadas medições de nível de ruído interno para verificação do desempenho do isolamento acústico das janelas.

O gráfico 3 indica os níveis de ruído (L_{eq}) medidos nos diversos pontos, nele se observa que todos os valores se encontram entre 40 dB(A) e 45 dB(A), e que os níveis nos pontos em frente à pele de vidro tendem a ser ligeiramente maiores que nos demais.

Com relação ao andar, também se observa uma mínima tendência de aumento do nível sonoro nos pavimentos mais elevados. E não foi observada diferença significativa entre os dois blocos avaliados, podendo se considerar que o nível de ruído em ambos é equivalente.

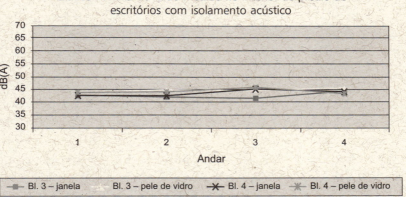

Gráfico 7. Nível de ruído medido no interior de prédio de escritórios com isolamento acústico

Levando em conta que essas medições foram realizadas no horário de pico de tráfego – o que corresponde certamente ao instante mais ruidoso –, o resultado obtido pode ser considerado muito bom, apesar de haver superado um pouco a meta de 40 dB(A). Nos demais horários do dia, quando o fluxo de veículos na avenida diminui sensivelmente, certamente é atendido em todos os andares o nível de 40 dB(A), recomendado pela ABNT para salas de reunião.

Por sua vez, o padrão de 45 dB(A) foi atendido em todos os pontos de medição (com exceção de um desvio isolado no 4º andar do bloco 3, diante da pele de vidro, onde se mediu 45,9 dB(A)), indicando que toda a área útil dos prédios atende aos requisitos acústicos recomendáveis para uso como escritório, segundo a ABNT.

Deve-se ressaltar também que as medições de ruído foram realizadas com o prédio vazio, com piso falso metálico e sem divisórias internas, móveis, persianas, etc., o que mantém um altíssimo grau de reverberação acústica, que certamente torna o nível de ruído interno mais elevado em alguns dB. Uma vez decorados e ocupados os prédios, o nível de ruído interno deverá ser menor, e, somado aos sons usuais de um escritório, tais como os de reatores de luminárias, computadores e sistema de ar-condicionado, nem sequer será percebido pelos futuros usuários dos prédios.

Limitação da transmissão sonora: barreiras acústicas

As ondas sonoras se propagam em linha reta, sofrendo um decaimento em virtude da distância, ou seja, têm a sua intensidade reduzida conforme se distanciam da fonte sonora. Dessa forma, um som emitido em campo aberto será audível em níveis decrescentes, conforme se afasta da fonte, até chegar a valores não audíveis depois de percorrida uma distância máxima, que depende da intensidade do som original.

A figura a seguir ilustra o ruído gerado em uma rodovia com tráfego pesado, que pode atingir cerca de 85 dB(A), medido à margem da via, o qual deverá percorrer, em campo aberto, mais de 250 m até que se reduza ao nível de 60 dB(A), e mais de 2.500 m para atingir 40 dB(A), quando passa a se confundir com o ruído de fundo em uma região de baixa ocupação. Logo, a área sujeita aos efeitos da poluição sonora de uma rodovia é bastante abrangente, podendo incluir diversas residências e demais instalações sensíveis ao ruído que se encontrem nas imediações, embora, na prática, essas distâncias sejam menores, pois geralmente há algum obstáculo que impede a livre propagação do som.

Figura 3. Decaimento do ruído de uma rodovia com a distância

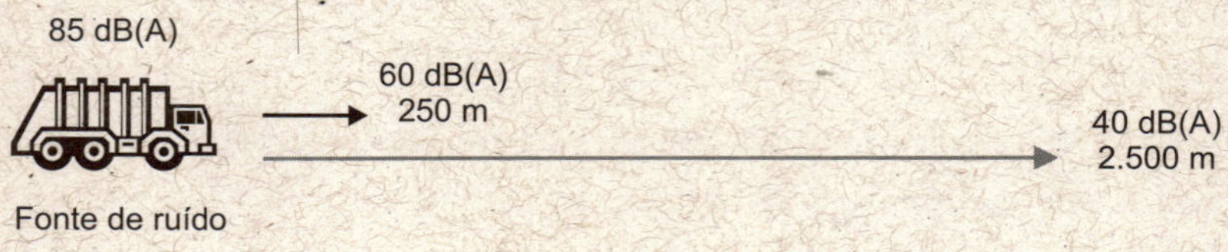

85 dB(A)

60 dB(A)
250 m

40 dB(A)
2.500 m

Fonte de ruído

A instalação de barreiras acústicas tem a finalidade de impedir a livre propagação do som, levando a um decaimento bem mais intenso do que ocorreria em condições naturais.

Ao deparar com um obstáculo, as ondas sonoras podem ser refletidas, absorvidas ou desviadas (refratadas). Na prática, parte da onda sofrerá os efeitos do material do obstáculo, da sua forma e da sua posição em relação à fonte sonora. A parcela refletida seguirá na direção oposta; a parte absorvida será dissipada, havendo uma pequena parcela, transmitida, que atravessará o obstáculo e seguirá na mesma direção; e a parcela refratada contornará o obstáculo e atuará como uma nova fonte, de menor intensidade, localizada no ponto de contorno do obstáculo.

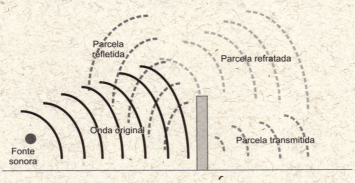

Figura 4. Propagação das ondas sonoras ao depararem com uma barreira acústica

As barreiras acústicas atuam segundo os seguintes princípios. O primeiro é como obstáculo à propagação do som em linha reta, simplesmente impedindo que ele siga em direção ao receptor. As ondas sonoras, ao se chocarem com a barreira, são parcialmente absorvidas, mas uma parcela a atravessa e segue em linha reta. A intensidade sonora da parcela absorvida varia de 25 dB(A) a 55 dB(A), dependendo do material empregado, quanto maior a densidade superficial do material (densidade × espessura), maior o grau de redução de transmissão sonora.

A reflexão do som impede que ele siga em direção ao receptor, e depende do material empregado na construção da barreira, bem como da sua forma, textura, etc. Um material com alto índice de reflexão é eficiente como barreira acústica, mas faz com que o nível sonoro na rodovia seja mais elevado, pois o som refletido (eco) também será audível na pista, como pode ser bem observado em um túnel. Além disso, existe a possibilidade de uma onda refletida em uma barreira acústica vir a aumentar o nível de ruído do lado oposto da estrada. Os materiais de baixo índice de reflexão, ou absorventes, por sua vez, têm a capacidade de atenuar e dissipar a onda sonora, absorvendo as vibrações e melhorando a eficiência global da barreira.

A atenuação do ruído devida ao desvio da onda sonora está relacionada diretamente com a geometria e as dimensões da barreira e com os agentes emissores e receptores do ruído. Depende da altura da barreira e de seu posicionamento, e sempre se apresenta em valores bem abaixo do grau de transmissão sonora, independendo do material empregado.

O grau de eficiência, na prática, de uma barreira instalada deriva da composição desses efeitos (transmissão sonora, desvio e reflexão). O adequado dimensionamento de uma barreira deve considerar esses efeitos separadamente. É importante ressaltar que obter uma atenuação por transmissão direta muito mais elevada do que a decorrente do desvio da onda sonora significa um superdimensionamento do material utilizado, o que não acarreta uma melhoria da eficiência global da barreira.

Figura 5. Ação de uma barreira acústica

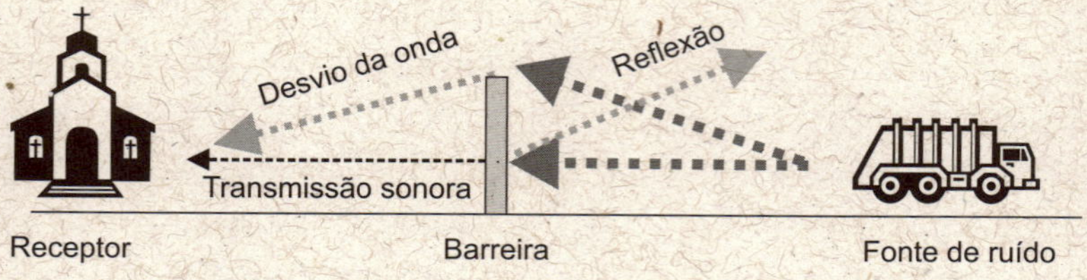

Técnicas de controle acústico

As barreiras acústicas são construídas com os mais diversos materiais – placas de madeira ou metálicas, paredes de alvenaria convencional, concreto armado ou leve e chapas transparentes de acrílico, entre outras alternativas. Podem até mesmo ser taludes de corte ou elevações do terreno, que promovem a atenuação acústica necessária.

Em geral, é recomendável que o material utilizado seja de montagem modular, pré-fabricado, permitindo a fácil substituição de setores danificados em operações de manutenção das vias. Também, obviamente, é imprescindível que o material suporte as mais rigorosas condições e variações climáticas, com garantia de manutenção de suas características originais por longos períodos, de no mínimo vinte anos.

As primeiras barreiras acústicas foram feitas de alvenaria convencional ou placas de madeira e metálicas. Ao longo do tempo, como a generalização do seu uso e o desenvolvimento dos materiais empregados (basicamente na Europa, nos Estados Unidos, na Austrália e no Japão), passou-se a buscar materiais mais práticos, duráveis e eficientes.

Nesse sentido, o concreto pré-moldado se apresenta como uma boa alternativa, dado o seu baixo custo e a facilidade de montagem, sempre que não se faça necessário que a barreira seja transparente, absorvente ou tenha formatos muito diferenciados.

Outra opção, bastante utilizada por permitir geometrias mais ousadas e um excelente resultado estético, porém de custo mais alto, são os painéis de alumínio, que, quando em composição com um "recheio" de fibra de vidro, apresentam alto grau de absorção sonora.

Por outro lado, o uso de materiais transparentes, embora de custo mais elevado, tem uma vantagem estética, além de propiciar certas vantagens relacionadas à segurança, dependendo da configuração da via, por não obstruir a visibilidade. É importante que se utilizem materiais que não percam a transparência por fotossensibilidade e que apresentem resistência mecânica adequada. Em vias urbanas, tais como vias expressas e corredores de ônibus, dada a proximidade com residências e estabelecimentos comerciais, e o grande fluxo de pedestres, é recomendável que as barreiras acústicas sejam construídas com material transparente, que são visualmente bem menos agressivas que aquelas feitas com materiais opacos, havendo sempre à possibilidade de se combinar diferentes materiais, opacos e transparentes.

Outra alternativa ainda, com inegável vantagem estética e boas características técnicas, são as barreiras com cobertura vegetal. Não se trata simplesmente de plantar árvores à margem da rodovia (o que não apresenta o grau de atenuação acústica desejável), mas de construir barreiras com materiais como concreto ou madeira com compartimentos de terra onde são plantadas trepadeiras ou outras espécies de plantas que recobrem toda a estrutura.

A foto a seguir apresenta alguns exemplos de barreiras acústicas em rodovias da Suíça e da Itália, onde se verifica uma variedade de materiais e concepções arquitetônicas.

Fotos 2 a 8. Barreiras acústicas em rodovias européias

Técnicas de controle acústico

Fotos: Samuel M. Branco

É importante observar que a ABNT publicou uma norma técnica que define as condições gerais de especificações de materiais e projeto estrutural de barreiras acústicas rodoviárias, a NBR14.313.

Logo, sempre que o ruído de tráfego representa incômodo à vizinhança de uma via, é possível estudar a viabilidade de implantação de uma barreira acústica, buscando a melhor alternativa de material e dimensões para atingir o grau de atenuação acústica indicado, além de ser recomendável um cuidadoso estudo arquitetônico, que garante um resultado estético de boa qualidade.

Também nas indústrias, quando as ações de controle direto das fontes de ruído se revelam muito onerosas ou de difícil implantação, como, por exemplo, no caso de diversas fontes dispersas no pátio industrial, as barreiras acústicas apresentam-se como uma interessante alternativa, por controlar de uma só vez todas as fontes de ruído industrial, restringindo-o aos limites internos da empresa.

Outro ponto a se observar diz respeito ao uso de vegetação para proteção acústica. Freqüentemente surge a idéia de plantar árvores em torno das fontes de ruído para atenuá-lo. Na verdade, essa prática – embora esteticamente recomendável – tem um potencial de atenuação acústica muito limitado. Para lograr algum resultado mensurável, é necessário que se plantem árvores de grande porte junto à vegetação arbustiva e de pequeno porte, de modo que se feche totalmente a "visão" da fonte de ruído – e isso se obtém somente quando toda a vegetação está plenamente desenvolvida, o que leva alguns anos. Além disso, para uma atenuação da ordem de 6 dB(A), faz-se necessário um "bosque" com no mínimo 50 m de largura, espaço nem sempre disponível.

Estudo de caso: barreira acústica rodoviária

Em 1999, com a finalidade de avaliar a eficiência de painéis de concreto pré-moldado alveolar, produzidos no Brasil, como agente de proteção acústica rodoviária, foi construída uma barreira-piloto na rodovia dos Bandeirantes, que liga a capital paulista a Campinas, São Paulo, na altura do km 14,5.

O receptor considerado no estudo era um conjunto de edifícios residenciais, distante cerca de 50 m da rodovia e construído em cota inferior a esta, mas cujos apartamentos dos últimos andares estavam localizados em cota bastante superior à pista. Levando em conta esses fatores, foi possível realizar uma simulação das diversas configurações fonte–receptor, tais como estrada construída em aterro, em nível ou em corte (leve ou profundo).

Foto 9. Barreira acústica-piloto construída na rodovia dos Bandeirantes, km 14,5.

Avaliação acústica inicial

Para a avaliação acústica do local, foram feitas medições à margem da rodovia e em um edifício receptor, localizado a cerca de 50 m da pista, em quatro andares diferentes (2º, 4º, 6º e 8º). Para efeito do estudo, foi considerado o nível equivalente contínuo (L_{eq}).

A medição na rodovia apresentou níveis de ruído de 85,2 dB(A) e de 86,3 dB(A), para um fluxo (na pista sul) de, respectivamente, 2.688

Fundamentos de acústica ambiental

e 3.888 veículos/hora. Essas leituras foram importantes para a aferição do modelo de estimativa de nível de ruído em função do tráfego, utilizado na correção do valor medido para o estimado no pico de tráfego do trecho considerado.[11]

O ruído de fundo medido na região dos receptores, fora da influência da rodovia, foi de 62,0 dB(A) no período diurno.

A tabela 1 apresenta os resultados das medições acústicas nos apartamentos receptores avaliados, bem como a cota de cada um em relação à rodovia, o fluxo de veículos medido na ocasião, o L_{eq} medido e o L_{eq} estimado para o pico de tráfego no local (3.900 veículos/hora durante o dia e 1.400 veículos/hora à noite).

Tabela 6. Avaliação acústica dos receptores antes da instalação da barreira

Andar	Cota em relação à rodovia (m)	Fluxo pista sul (veíc./h)	L_{eq} medido (dB(A))	L_{eq} estimado p/ 3.900 veíc./h (dB(A)) DIA	L_{eq} estimado p/ 1.400 veíc./h (dB(A)) NOITE
2º	- 4,5	3.636	70,1	70,4	62,2
4º	+ 1,5	3,168	72,9	73,6	65,4
6º	+ 7,5	3,000	75,1	76,0	67,8
8º	+ 13,5	2,484	75,8	77,4	69,2

Observa-se, nessa tabela, que os apartamentos receptores estão localizados em cotas bastante variáveis em relação à rodovia: os do 2º andar, situados no nível abaixo da pista, representam um receptor instalado próximo a uma estrada construída em aterro; os do 4º andar representam um receptor em uma topografia plana; enquanto os do 6º

---

[11] Instituto de Pesquisa Tecnológica (IPT), *Modelo empírico para a previsão de ruído de tráfego para a cidade de São Paulo* (São Paulo: IPT, 1979).

e do 8º andar equivalem a receptores instalados em alto de taludes, simulando rodovias construídas em corte.

O fluxo de veículos variou bastante de uma medição para outra, tornando necessária a equalização dos níveis de ruído para um único fluxo de veículos. Com isso, observou-se que o nível de ruído aumentava conforme os receptores se localizassem nos andares mais altos, o que demonstra que estes estão mais expostos ao ruído rodoviário.

No receptor mais protegido, abaixo do nível da rodovia, o ruído manteve-se praticamente no limite legal de 70 dB(A) para o período diurno e ultrapassou em 2 dB(A) o limite de 60 dB(A) para o período noturno (conforme a Portaria nº 92/1980, do Ministério do Interior, que foi utilizada como base legal nesse trabalho, realizado antes da publicação da Res. Conama 1/90). No entanto, no receptor situado no nível da estrada, foi ultrapassado em quase 4 dB(A) o limite diurno e em mais de 5 dB(A) o padrão noturno, enquanto no receptor mais elevado se foi observado o nível de 77,4 dB(A) no pico de tráfego diurno e de 69,2 dB(A) no pico noturno, indicando uma necessidade de atenuação do nível de ruído em mais de 7 dB(A) durante o dia e em mais de 9 dB(A) à noite.

Se for considerado o ruído de fundo medido na região, de 62 dB(A) durante o dia, pode-se concluir que é muito grande a influência do ruído de tráfego da rodovia nesses receptores, pois, mesmo no 2º andar, onde o nível medido foi o mais baixo, este ainda se encontra mais de 8 dB(A) acima do ruído de fundo, o que caracteriza o ruído de tráfego como de média perturbação. Nos demais pavimentos, onde a diferença entre o valor medido e o ruído de fundo é de mais de 10 dB(A), o ruído da rodovia pode ser caracterizado como de alta perturbação.

Portanto, com base nesses dados, pode-se concluir que os parâmetros de atenuação acústica, para cada andar analisado, devem corresponder aos apresentados na tabela 2.

Tabela 7. Parâmetros de atenuação acústica promovida pela
barreira em cada pavimento analisado

Andar	Atenuação para atendimento do padrão legal (dB(A))	Atenuação para atendimento da meta ambiental (dB(A))
2º	2,2	8,4
4º	5,4	11,6
6º	7,8	14,0
8º	9,2	15,4

Se para cada andar considerado, após a implantação da barreira acústica, forem atendidos os parâmetros de redução acústica de acordo com o padrão legal, terá sido atingida a meta mínima exigível por lei; e isso, especialmente para os andares mais elevados, só poderá ser obtido com uma redução muito significativa do ruído de tráfego, o que, sem dúvida, será claramente percebido pelos moradores desses apartamentos. Já, nos locais onde for possível o atendimento da meta ambiental, o ruído de tráfego se tornará praticamente imperceptível, sem trazer o menor dano ambiental.

Avaliação dos resultados acústicos da barreira instalada

Após a construção de uma barreira com 5 m de altura e 300 m de comprimento, foi realizada uma nova campanha de medições nos mesmos apartamentos receptores, cujos resultados de nível de ruído (L_{eq}) estão expostos na tabela 3.

A tabela reproduz os valores efetivamente medidos, o fluxo de veículos contados no momento da amostragem e o nível de ruído estimado para aquele tráfego, caso a barreira não existisse, segundo a mesma metodologia utilizada e aferida na avaliação acústica do local. Nas demais colunas da tabela são apresentadas a redução de ruído promovida pela barreira em cada receptor considerado (diferença entre o estimado sem barreira e o valor efetivamente medido) e as estimativas de nível de ruído nas condições de pico de tráfego diurno e noturno.

Tabela 8. Nível de ruído resultante com a instalação da barreira

Andar	Fluxo pista sul (veíc./h)	L_{eq} medido (dB(A))	L_{eq} sem barreira (dB(A))	Redução pela barreira dB(A)	L_{eq} 3.900 veíc./h (dB(A)) DIA	L_{eq} 1.400 veíc./h (dB(A)) NOITE
2º	2.196	61,4	68,4	7,0	63,4	55,3
4º	2.688	62,0	72,3	10,3	63,3	55,1
6º	3.660	65,5	75,7	10,2	65,8	57,6
8º	3.156	68,5	76,7	8,1	69,3	61,1

Observa-se, na tabela, que tanto os valores medidos como os estimados nas condições de pico de tráfego diurno e noturno, em praticamente todos os andares do edifício, atendem aos respectivos limites de ruído. O único caso em que isso não ocorre é no 8º andar, no período noturno, onde se estimou um nível de ruído, na condição de pico de tráfego, de cerca de 1 dB(A) acima do padrão legal. Dessa forma, pode-se considerar que o receptor está devidamente protegido do ruído da rodovia.

As medições realizadas no 2º e no 4º andar apresentaram valores da mesma ordem de grandeza do ruído de fundo na região (62 dB(A)), o que significa que nesses locais não seria possível lograr níveis de ruído inferiores ao observado. Por esse motivo, a atenuação de ruído promovida pela barreira, no 2º e no 4º andar, ficou abaixo das estimativas iniciais. Acredita-se que, caso o ruído de fundo fosse inferior, a atenuação seria ainda maior, aproximando-se dos níveis estimados pelos modelos de cálculo.

No 6º andar, a atenuação calculada foi de 10,2 dB(A), estando portanto em um nível intermediário; enquanto, no 8º andar, o resultado foi surpreendente, visto que o grau de atenuação acústica observado foi bastante superior ao esperado, segundo as estimativas iniciais, atingindo uma redução da ordem de 8 dB(A).

Os gráficos a seguir ilustram melhor a atenuação de ruído promovida pela barreira, indicando o nível de ruído em cada apartamento considerado antes da instalação da barreira-piloto e após a sua construção, sendo apresentadas, para comparação, as linhas correspondentes aos limites legais e às metas ambientais.

Gráfico 8. Nível de ruído no ed. Quebec (condição de pico de tráfego diurno)

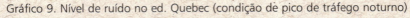

Gráfico 9. Nível de ruído no ed. Quebec (condição de pico de tráfego noturno)

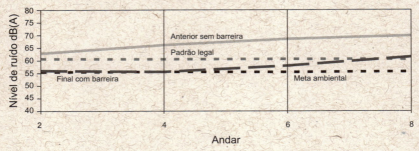

Observa-se, nos gráficos, que antes da instalação da barreira, em todos os pontos receptores analisados, o nível de ruído encontrava-se acima do padrão legal, verificando-se somente no 2º andar, no período diurno, um nível de ruído exatamente no limite legal vigente na época.

Com a instalação da barreira, a meta ambiental foi atingida nos apartamentos dos andares mais baixos, podendo ser considerado até mesmo um superdimensionamento da barreira caso só existissem receptores em nível ou em cota mais baixa. Ou seja, em futuras instalações onde não existam receptores localizados em cota superior à rodovia, a barreira poderá ser construída com menor altura.

Para o receptor do 6º andar, localizado em cota um pouco acima da pista (7,5 m), o nível sonoro resultante atendeu plenamente e com segurança aos padrões legais, ficando em um nível intermediário entre estes e a meta ambiental, o que pode ser considerado um bom resultado e um dimensionamento correto da barreira.

Finalmente, no 8º andar, localizado muito acima da rodovia (13,5 m), as condições acústicas tornam-se extremamente críticas, mas, mesmo assim, com a barreira de 5 m, que fornece apenas uma proteção acústica parcial nesse ponto, ainda foi possível lograr o atendimento aos padrões legais.

Do exposto, podem-se, portanto, relacionar as seguintes conclusões principais acerca da instalação-piloto da barreira acústica:

- os edifícios objeto de proteção da barreira acústica apresentavam, antes de sua instalação, altos níveis de ruído, particularmente nos andares mais altos, sendo constantemente ultrapassados os padrões legais de ruído;
- com a instalação da barreira, o nível de ruído nesses receptores sofreu reduções da ordem de 8 dB(A) a 10 dB(A), e os padrões de ruído passaram a ser respeitados em todos os pontos, sendo até mesmo atingidas as metas ambientais nos andares mais baixos;

- em suma, os objetivos inicialmente propostos no projeto da barreira-piloto foram plenamente cumpridos, além de sua ação prática de redução do nível de ruído nos receptores superar as expectativas iniciais.

REFERÊNCIAS BIBLIOGRÁFICAS

ACÚSTICA ENGENHARIA LTDA. *Projeto de barreiras acústicas: simulação virtual e conclusões*. Relatório preparado para a Reago Indústria e Comércio S.A., São Paulo, 1999.

ALFORD, L. P. *et al. Manual de la producción*. Trad. T. Ortiz. Cidade do México: Uteha, 1953.

AMERICAN ASSOCIATION OF STATE HIGHWAY AND TRANSPORTATION OFFICIALS (AASHTO). "Guide on Evaluation and Abatement of Traffic Noise", Washington, D.C., 1993.

ASSOCIAÇÃO BRASILEIRA DE NORMAS TÉCNICAS (ABNT). *NBR 10.151 – Avaliação do ruído em áreas habitadas visando o conforto da comunidade: procedimento*. Rio de Janeiro: ABNT, 1987.

_____. *NBR 10.151 – Avaliação do ruído em áreas habitadas visando o conforto da comunidade: procedimento*. Rio de Janeiro: ABNT, 2000.

_____. *NBR 14.313: Barreiras acústicas para vias de tráfego: características construtivas*. Rio de Janeiro: ABNT, 1999.

BARBOSA, H. M. & GONÇALVES DE SOUZA, P. V. "O efeito de medidas de *traffic calming* no ruído em áreas urbanas". Em *Anais do I Congresso Ibero-americano de Acústica/XVIII Encontro da Sociedade Brasileira de Acústica (Sobrac)*, Federação Ibero-americana de Acústica (FIA)/Sobrac, Florianópolis, 1998.

BELLIA, Vitor. "Conservação rodoviária e meio ambiente". Em *Anais do Seminário Provial Região Sul-Sudeste*, IRF/World Bank/DER, São Paulo, 1993.

BERISTÁIN, S. "El ruido es un sério contaminante". Em *Anais do I Congresso Ibero-americano de Acústica/XVIII Encontro da Sociedade Brasileira de Acústica (Sobrac)*, Federação Ibero-americana de Acústica (FIA)/Sobrac, Florianópolis, 1998.

BLOCKLAND, G. J. *Tyre/Road Noise Generation and Porous Surfaces*, M+P Consulting Engineers, 1999, disponível em http://www.xs4all.nl/~rigolett/ENGELS/zoab/zoabfr.htm.

BLOOMFIELD, J. J. *Introducción a la Higiene Industrial*. Cidade do México: Reverté, 1964.

BRANCO, S. M. *Ecossistêmica: uma abordagem integrada dos problemas do meio ambiente*. 2ª ed. São Paulo: Edgard Blücher, 1999.

_____. *Meio ambiente: uma questão de moral*. São Paulo: OAK Educação e Meio Ambiente, 2002.

_____ *et al. Proposta de estratégia para o controle de ruído nas rodovias e suas vizinhanças*. Relatório elaborado para a Associação Brasileira de Concessionárias de Rodovias (ABCR), São Paulo, 2000.

CASALI, J. G. *et al.* "Noise in Heavy Truck Cabs: Implications for Hearing Loss and Auditory Signal Detection". Em *Anais do I Congresso Ibero-americano de Acústica/XVIII Encontro da Sociedade Brasileira de Acústica (Sobrac)*, Federação Iberoamericana de Acústica (FIA)/Sobrac, Florianópolis, 1998.

CENTRAL EUROPEAN ENVIRONMENTAL DATA REQUEST FACILITY (CEDAR). *Austria's National Environmental Plan*, Viena, 1997, disponível em http://www.cedar.at/data/nup/nup-english.

CENTRE D'ÉTUDES SUR LES RÉSEAUX DE TRANSPORT ET L'URBANISME (Certu). *Guide de bruit des transports terrestres: prevision des niveaux sonores*. Lyon: Certu, 1980.

CONSELHO NACIONAL DE MEIO AMBIENTE (Conama). *Resolução nº 001, de 8 de março de 1990*, disponível em http://www.mma.gov.br/port/conama/res/res90/res0190.html.

COSTA, V. H. "O ruído e suas interferências na saúde e no trabalho". Em *Acústica e Vibrações*, revista da Sociedade Brasileira de Acústica, nº 13, Florianópolis, 1994.

DEPARTMENT OF TRANSPORT/WELSH OFFICE. *Calculation of Road Traffic Noise*. Londres: HMSO, 1988.

EUROPEAN COMMISSION GREEN PAPER. *Future Noise Policy*, European Commission Green Paper. Bruxelas: European Comission, 1996.

GARAI, M. *et al. Procedure for Measuring the Sound Absorption of Road Surfaces in Situ*, ata da Euronoise '98 Conference, Munique, 1998.

GERGES, S. *Ruído: fundamentos e controle*. Florianópolis: UFSC, 1992.

INSTITUTO DE PESQUISAS TECNOLÓGICAS DO ESTADO DE SÃO PAULO (IPT). *Modelo empírico para a previsão de ruído de tráfego para a cidade de São Paulo*. São Paulo: IPT, 1979.

INTERNATIONAL ORGANIZATION FOR STANDARDIZATION (ISO). *ISO 354 – Acoustics: Measurement of Sound Absorption in a Reverberation Room*, Genebra, 2003.

MINISTÉRIO DO INTERIOR. *Portaria nº 92, de 19 de junho de 1980*, disponível em http://www.ibamapr.hpg.ig.com.br/09280RC.htm.

Bibliografia

MURGEL, E. "Acústica rodoviária: fundamentos e medidas de controle". Em *Revista Infra-Estrutura*, Sindicato da Indústria da Construção Pesada do Estado de São Paulo (Sinicesp), nº 2, São Paulo, setembro de 1999.

_____. "Análise de instalação piloto de barreira acústica rodoviária". Em *Anais do XIX Encontro da Sobrac*, Belo Horizonte, abril de 2000.

_____. "Barreira acústica na rodovia dos Bandeirantes". Em *Revista Infra-Estrutura*, Sindicato da Indústria da Construção Pesada do Estado de São Paulo (Sinicesp), ano I, nº 6, São Paulo, maio de 2000.

_____. "Barreiras acústicas rodoviárias: um novo parâmetro de especificação de vias de tráfego". Em *Revista Engenharia*, Instituto de Engenharia, nº 532, São Paulo, 1999.

_____. *Especificação do pavimento como agente de controle de ruído de tráfego*. Apresentado no XIX Encontro da Sobrac, abril de 2000; e em *Revista Infra-Estrutura*, Sindicato da Indústria da Construção Pesada do Estado de São Paulo (Sinicesp), ano II, nº 7, São Paulo, agosto de 2000.

_____. "Influência do uso de pavimento asfáltico poroso com polímero na emissão de ruído de tráfego". Em *Anais do V Seminário de Acústica Veicular (Sibrav)*, São Paulo, agosto de 1999.

_____. *Medidas de controle de ruído em rodovias*. Painel apresentado no I Congresso Ibero-americano de Acústica/XVIII Encontro da Sociedade Brasileira de Acústica (Sobrac), Federação Ibero-americana de Acústica (FIA)/Sobrac, Florianópolis, abril de 1998.

_____. *Ruído ambiental: proteção da comunidade. Estudo de caso: barreira acústica na rodovia dos Bandeirantes*, apresentado no III Seminário Internacional de Atualização em Segurança e Saúde no Trabalho, Centro Brasileiro de Segurança e Saúde Industrial (CBSSI), São Paulo, abril de 2000.

PAULA SANTOS, U. (org.). *Ruído: riscos e prevenção*. 2ª ed. São Paulo: Hucitec,1996.

PIMENTEL SOUZA, F. "Efeito do Ruído no Homem Dormindo e Acordado". Em *Anais do XIX Encontro Internacional da Sobrac*, Belo Horizonte, 2000.

PRECISION INTEGRATION SOUND. Level Meter Type 2236. Manual técnico de Brüel & Kjaer, Naerum, 1996.

ROMANINI, Pedro Umberto. *Rodovias e meio ambiente: principais impactos ambientais, incorporação da variável ambiental em projetos rodoviários e sistema de gestão ambiental*. Tese de doutorado. 2 vols. São Paulo: Instituto de Biociências/Departamento de Ecologia Geral – USP, 2000.

SCHMIDT, D. E. *et al.* "Impacto do programa de controle de ruído veicular". Em *Anais do Seminário de Emissões Veiculares*, Associação Brasileira de Engenharia Automotiva (AEA)/Companhia de Tecnologia de Saneamento Ambiental (Cetesb), São Paulo, 1992.

WERNER, A. *et al. El ruido y la audición*. Buenos Aires: Ad-Hoc, 1995.

REDE DE UNIDADES SENAC SÃO PAULO

Capital e Grande São Paulo

Centro Universitário Senac Campus Santo Amaro
Tel.: (11) 5682-7300 • Fax: (11) 5682-7441
E-mail: campussantoamaro@sp.senac.br

Senac 24 de maio
Tel.: (11) 2161-0500 • Fax: (11) 2161-0540
E-mail: 24demaio@sp.senac.br

Senac Consolação
Tel.: (11) 2189-2100 • Fax: (11) 2189-2150
E-mail: consolacao@sp.senac.br

Senac Francisco Matarazzo
Tel.: (11) 3879-3600 • Fax: (11) 3864-4597
E-mail: franciscomatarazzo@sp.senac.br

Senac Guarulhos
Tel.: (11) 2187-3350 • Fax: 2187-3355
E-mail: guarulhos@sp.senac.br

Senac Itaquera
Tel.: (11) 2185-9200 • Fax: (11) 2185-9201
E-mail: itaquera@sp.senac.br

Senac Jabaquara
Tel.: (11) 2146-9150 • Fax: (11) 2146-9550
E-mail: jabaquara@sp.senac.br

Senac Lapa Faustolo
Tel.: (11) 2185-9800 • Fax: (11) 2185-9802
E-mail: lapafaustolo@sp.senac.br

Senac Lapa Scipião
Tel.: (11) 3475-2200 • Fax: (11) 3475-2299
E-mail: lapascipiao@sp.senac.br

Senac Lapa Tito
Tel.: (11) 6888-5500 • Fax: (11) 6888-5567
E-mail: lapatito@sp.senac.br

Senac Nove de Julho
Tel.: (11) 2182-6900 • Fax: (11) 2182-6941
E-mail: novedejulho@sp.senac.br

Senac – Núcleo de Idiomas Anália Franco
Tel.: (11) 6671-4447 • Fax: (11) 6671-3827
E-mail: idiomasanaliafranco@sp.senac.br

Senac – Núcleo de Idiomas Santana
Tel.: (11) 6976-5443 • Fax: (11) 6977-9044
E-mail: idiomassantana@sp.senac.br

Senac – Núcleo de Idiomas Vila Mariana
Tel.: (11) 5573-9790 • Fax: (11) 5579-1395
E-mail: idiomasvilamariana@sp.senac.br

Senac Osasco
Tel.: (11) 2164-9877 • Fax: (11) 2164-9822
E-mail: osasco@sp.senac.br

Senac Penha
Tel.: (11) 2135-0300 • Fax: (11) 2135-0398
E-mail: penha@sp.senac.br

Senac Santa Cecília
Tel.: (11) 2178-0200 • Fax: (11) 2178-0226
E-mail: santacecilia@sp.senac.br

Senac Santana
Tel.: (11) 2146-8250 • Fax: (11) 2146-8270
E-mail: santana@sp.senac.br

Senac Santo Amaro
Tel.: (11) 5523-8822 • Fax: (11) 5687-8253
E-mail: santoamaro@sp.senac.br

Senac Santo André
Tel.: (11) 6842-8300 • Fax: (11) 6842-8301
E-mail: santoandre@sp.senac.br

Senac Tatuapé
Tel.: (11) 2191-2900 • Fax: (11) 2191-2949
E-mail: tatuape@sp.senac.br

Senac Tiradentes
Tel.: (11) 3329-6200 • Fax: (11) 3329-6266
E-mail: tiradentes@sp.senac.br

Senac Vila Prudente
Tel.: (11) 3474-0799 • Fax: (11) 3474-0700
E-mail: vilaprudente@sp.senac.br

Interior e Litoral

Centro Universitário Senac
Campus Águas de São Pedro
Tel.: (19) 3482-7000 • Fax: (19) 3482-7036
E-mail: campusaguasdesaopedro@sp.senac.br

Centro Universitário Senac
Campus Campos do Jordão
Tel.: (12) 3688-3001 • Fax: (12) 3662-3529
E-mail: campuscamposdojordao@sp.senac.br

Senac Araçatuba
Tel.: (18) 3623-8740 • Fax: (18) 3623-1404
E-mail: aracatuba@sp.senac.br

Senac Araraquara
Tel.: (16) 3336-2444 • Fax: (16) 3336-9337
E-mail: araraquara@sp.senac.br

Senac Barretos
Tel./fax: (17) 3322-9011
E-mail: barretos@sp.senac.br

Senac Bauru
Tel.: (14) 3321-3199 • Fax: (14) 3321-3119
E-mail: bauru@sp.senac.br

Senac Bebedouro
Tel.: (17) 3342-8100 • Fax: (17) 3342-3517
E-mail: bebedouro@sp.senac.br

Senac Botucatu
Tel.: (14) 3882-2536 • Fax: (14) 3815-3981
E-mail: botucatu@sp.senac.br

Senac Campinas
Tel.: (19) 2117-0600 • Fax: (19) 2117-0601
E-mail: campinas@sp.senac.br

Senac Catanduva
Tel.: (17) 3522-7200 • Fax: (17) 3522-7279
E-mail: catanduva@sp.senac.br

Senac Franca
Tel.: (16) 3723-9944 • Fax: (16) 3723-9086
E-mail: franca@sp.senac.br

Senac Guaratinguetá
Tel.: (12) 3122-2499 • Fax: (12) 3122-4786
E-mail: guaratingueta@sp.senac.br

Senac Itapetininga
Tel.: (15) 3272-5463 • Fax: (15) 3272-5177
E-mail: itapetininga@sp.senac.br

Senac Itapira
Tel.: (19) 3863-2835 • Fax: (19) 3863-1518
E-mail: itapira@sp.senac.br

Senac Itu
Tel.: (11) 4023-4881 • Fax: (11) 4013-3008
E-mail: itu@sp.senac.br

Senac Jaboticabal
Tel./Fax: (16) 3204-3204
E-mail: jaboticabal@sp.senac.br

Senac Jaú
Tel.: (14) 3622-2272 • Fax: (14) 3621-6166
E-mail: jau@sp.senac.br

Senac Jundiaí
Tel.: (11) 4586-8228 • Fax: (11) 4586-8223
E-mail: jundiai@sp.senac.br

Senac Limeira
Tel.: (19) 3451-4488 • Fax: (19) 3441-6039
E-mail: limeira@sp.senac.br

Senac Marília
Tel.: (14) 3433-8933 • Fax: (14) 3422-2004
E-mail: marilia@sp.senac.br

Senac Mogi-Guaçu
Tel.: (19) 3891-7676 • Fax: (19) 3891-7771
E-mail: mogiguacu@sp.senac.br

Senac Piracicaba
Tel.: (19) 2105-0199 • Fax: (19) 2105-0198
E-mail: piracicaba@sp.senac.br

Senac Presidente Prudente
Tel.: (18) 3222-9122 • Fax: (18) 3222-8778
E-mail: presidenteprudente@sp.senac.br

Senac Ribeirão Preto
Tel.: (16) 2111-1200 • Fax: (16) 2111-1201
E-mail: ribeiraopreto@sp.senac.br

Senac Rio Claro
Tel.: (19) 3524-6631 • Fax: (19) 3523-3930
E-mail: rioclaro@sp.senac.br

Senac Santos
Tel.: (13) 3222-4940 • Fax: (13) 3235-7365
E-mail: santos@sp.senac.br

Senac São Carlos
Tel.: (16) 3371-8228 • Fax: (16) 3371-8229
E-mail: saocarlos@sp.senac.br

Senac São João da Boa Vista
Tel./Fax: (19) 3623-2702
E-mail: sjboavista@sp.senac.br

Senac São José do Rio Preto
Tel.: (17) 2139-1699 • Fax: (17) 2139-1698
E-mail: sjriopreto@sp.senac.br

Senac São José dos Campos
Tel./fax: (12) 3929-2300
E-mail: sjcampos@sp.senac.br

Senac Sorocaba
Tel.: (15) 3227-2929 • Fax: (15) 3227-2900
E-mail: sorocaba@sp.senac.br

Senac Taubaté
Tel./fax: (12) 3632-5066
E-mail: taubate@sp.senac.br

Senac Votuporanga
Tel.: (17) 3426-6700 • Fax: (17) 3426-6707
E-mail: votuporanga@sp.senac.br

Outras Unidades

Editora Senac São Paulo
Tel.: (11) 2187-4450 • Fax: (11) 2187-4486
E-mail: editora@sp.senac.br

Grande Hotel São Pedro – Hotel-escola Senac
Tel.: (19) 3482-7600 • Fax: (19) 3482-7700
E-mail: grandehotelsaopedro@sp.senac.br

Grande Hotel Campos do Jordão –
Hotel-escola Senac
Tel.: (12) 3668-6000 • Fax: (12) 3668-6100
E-mail: grandehotelcampos@sp.senac.br

CANAL ABERTO
Para um Senac cada vez melhor.
Críticas, elogios e sugestões.
0800 883 2000
canalaberto@sp.senac.br

EDITORA SENAC SÃO PAULO

DISTRIBUIDORES

DISTRITO FEDERAL

Gallafassi Editora e Distribuidora Ltda.
SAAN – Qd. 2, 1.110/1.120
70632-200 – Brasília/DF
Tel.: (61) 3039-4686 • Fax: (61) 3036-8747
e-mail: vendas@gallafassi.com.br

ESPÍRITO SANTO

Editora Senac Rio de Janeiro
Av. Franklin Roosevelt, 126/604 – Castelo
20021-120 – Rio de Janeiro/RJ
Tel.: (21) 2240-2045 • Fax: (21) 2240-9656
e-mail: editora@rj.senac.br

GOIÁS

Gallafassi Editora e Distribuidora Ltda.
Rua 70, 601 – Centro
74055-120 – Goiânia/GO
Tel.: (62) 3941-6329 • Fax: (62) 3941-4847
e-mail: vendas.go@gallafassi.com.br

Planalto Distribuidora de Livros
Rua 70, 620 – Centro
74055-120 – Goiânia/GO
Tel.: (62) 3212-2988 • Fax: (62) 3225-6400
e-mail: sebastiaodemiranda@zaz.com.br

MINAS GERAIS

Leitura Distr. e Repr. Ltda.
Rua Curitiba, 760 – 1º andar
30170-120 – Belo Horizonte/MG
Tel.: (31) 3271-7747 • Tel./fax: (31) 3271-4812
e-mail: leiturarepresenta@ibest.com.br

PARANÁ

Livrarias Curitiba
Av. Marechal Floriano Peixoto, 1.742 – Rebouças
80230-110 – Curitiba/PR
Tel.: (41) 3330-5000/3330-5046 • Fax: (41) 3333-5047
e-mail: pedidos@livrariascuritiba.com.br

RIO DE JANEIRO

Editora Senac Rio de Janeiro
Av. Franklin Roosevelt, 126/604 – Castelo
20021-120 – Rio de Janeiro/RJ
Tel.: (21) 2240-2045 • Fax: (21) 2240-9656
e-mail: editora@rj.senac.br

RIO GRANDE DO SUL

Livros de Negócios Ltda.
Rua Demétrio Ribeiro, 1.164/1.170 – Centro
90010-313 – Porto Alegre/RS
Tel.: (51) 3211-1445/3211-1340 • Fax: (51) 3211-0596
e-mail: livros@livrosdenegocios.com.br

SANTA CATARINA

Livrarias Catarinense
Rua Fulvio Aducci, 416 – Estreito
88075-000 – Florianópolis/SC
Tel.: (48) 3271-6000 • Fax: (48) 3244-6305
e-mail: vendassc@livrariascuritiba.com.br

SÃO PAULO

Bookmix Comércio de Livros Ltda.
Rua Jesuíno Pascoal, 118
01233-001 – São Paulo/SP
Tel.: (11) 3331-0536/3331-9662 • Fax: (11) 3331-0989
e-mail: bookmix@uol.com.br

Disal S.A.
Av. Marquês de São Vicente, 182 – Barra Funda
01139-000 – São Paulo/SP
Tel.: (11) 3226-3100/3226-3111 • Fax: (11) 0800-770-7105
e-mail: neide@disal.com.br

Pergaminho Com. e Distr. de Livros Ltda.
Av. Dr. Celso Silveira Rezende, 496 – Jardim Leonor
13041-255 – Campinas/SP
Tel.: (19) 3236-3610 • Fax: 0800-163610
e-mail: compras@pergaminho.com.br

Tecmedd Distribuidora de Livros
Av. Maurílio Biagi, 2.850 – City Ribeirão
14021-000 – Ribeirão Preto/SP
Tel.: (11) 3512-5500 • Tel./fax: (16) 3512-5500
e-mail: tecmedd@tecmedd.com.br

PORTUGAL

Dinalivro Distribuidora Nacional de Livros Ltda.
Rua João Ortigão Ramos, 17-A
1500-362 – Lisboa – Portugal
Tel.: +351 21 7122 210 • Fax: +351 21 7153 774
e-mail: comercial@dinalivro.pt

REPRESENTANTE COMERCIAL

AM-PA-MA-PI-CE-RN-PB-PE

Gabriel de Barros Catramby
Rua Major Armando de Souza Melo, 156 – Loja 403 – Boa Viagem
51030-140 – Recife/PE
Tel./fax: (81) 3341-6308
e-mail: gabrielcatramby@terra.com.br